Este libro físico en papel, encuadernación rústica, 224 páginas, 385 gramos, tamaño: 16 x 23 cm. puede solicitarse en www.lamejorcompra.com y www.bosquedeletras.com Para más información consultar www.redcientifica.com y http://www.redcientifica.com/doc/doc200503110040.html

Arena Sensible

Manuel de la Herrán Gascón

Colección
Inteligencia Creativa

REDcientífica

ARENA SENSIBLE

Manuel de la Herrán Gascón

Colección
INTELIGENCIA CREATIVA
1

Arena Sensible

© de la presente edición: REDcientífica
Ediciones REDcientífica. Aptdo. 18057 - 28080 Madrid (España)
Teléfonos: (+34) 91 547 61 45 y (+34) 687 377 571
Fax: (+34) 91 547 61 45
Web: www.redcientifica.com
Diseño de portada: David Navarro
Impresión: EFCA. Madrid (España)
ISBN: 84-609-4699-1
1ª Edición: Madrid. Abril 2005
Printed in Spain

Índice

*A mis amigos David, Vicent y Guillermo
sin los cuales este libro no podría existir.*

Con mi reconocimiento a Agustín, Ainhoa, Alex, Álvaro, Bea, Bego, Carlos, Dani, Edu H., Edu M., Ender, Gusano, Jaime, Javi H., Javi Z., Jose, JosuKa, Luciano, Mahmud, Mariano, Marta, María, Moncho, Moni, Monika, Nacho, Pedro, Peio, Txipi y otros muchos amigos cuya interesante conversación tanto me ha inspirado. Gran parte de las buenas ideas que aparecen aquí son suyas; las malas son todas mías.

Con mi agradecimiento a todos los que participan en el proyecto REDcientífica

¡ALABBAMOR!

Prólogo del autor

Tengo justificadas razones para creer que el texto promocional que aparece en la portada de este libro ha sido especialmente exagerado. No critico a nuestro editor, tenemos que cubrir los gastos. Pero les aseguro: *Arena Sensible* no puede ser tomado muy en serio, y la mejor argumentación de esta idea se encuentra implícita en todas sus páginas. Podemos definir este infame manuscrito como una confusa mezcla de extrañas ideas cocinadas en la calenturienta mente del autor, que encuentra en esta actividad un inigualable entretenimiento para los interminables minutos de estreñida espera en el inodoro. Es decir, tenemos aquí la más sublime celulosa candidata a reiniciar su proceso de reciclado, alargar la pata de una mesa o elevar la altura de la pantalla de su ordenador[1].

Amigo, probablemente Usted se sienta estafado, y con razón. No me refiero al más que probable hecho de que Usted haya pagado auténtico dinero de curso legal por este libro. Me refiero en este caso a la vida, unas veces hermosa y otras no tanto; gratis, inclasificable, inevitable y escurridiza compañera. Usted no pidió estar aquí. Nadie le preguntó nada. ¿Dónde está la hoja de reclamaciones?

El sentimiento es común. Y no parece fácil encontrar una solución. No la busque con demasiada esperanza en *Arena Sensible*. Lamentablemente no soy experto en ninguno de los temas que aquí se tratan, porque de hecho, como la mayoría de las personas, no soy experto en nada concreto, aunque diariamente me vea obligado a convencer de lo contrario a mis clientes. Pero me resisto como gato panza arriba a asumir como ciertas algunas arbitrariedades que cimientan los criterios de actuación de la sociedad en la que vivo.

---

[1] Recuerde: sentado con la espalda recta, el borde superior del monitor debe estar a la altura de los ojos. Si usa un ordenador portátil, coloque dos o tres gruesos libros debajo de él. De esta forma puede ahorrarse algunos dolores de espalda, a la vez que eleva las prestaciones de su computador.

La experiencia sensible inteligente humana, es decir, lo que comúnmente referenciamos como "¡ah! la vida..." me ha parecido siempre un acertijo a resolver. ¿Qué hacemos aquí? ¿Qué hago yo aquí? El enigma es complejo y excitante, pero el tiempo de una sola vida no es suficiente para resolverlo[2], al menos, no es suficiente para una persona "normal". Esto es paradójico, irónico y deprimente. Podemos dedicar toda nuestra existencia a la investigación sobre el sentido de la vida, y aún en el caso de que de esta forma pudiéramos resolver el enigma existencial, y encontrar una respuesta satisfactoria, todo el esfuerzo no serviría de nada, ya que después de todo, no nos quedaría tiempo para aplicar la solución encontrada.

¿De qué sirve toda una vida dedicada a la huraña y solitaria actividad de acumulación y procesado de información con el objetivo de llegar a cierto conocimiento trascendental, si ese conocimiento finalmente nos indica, en el último momento, que el sentido de esta vida se encuentra en el amor al resto de criaturas? Y me refiero a un amor puesto en práctica, no a una declaración de principios. ¿Y si por el contrario nuestra investigación finalmente descubre que el sentido de la vida consiste en acumular libros, oro, felicitaciones de cumpleaños, acciones revalorizables, experiencias sexuales, obras de arte o versiones inéditas de los *Beatles*? ¡Cielos, en ese caso, habremos perdido el tiempo amando![3]

No podemos esperar a descubrir qué es lo que tiene auténticamente sentido en la vida. Todos nosotros nos vemos obligados a improvisar una respuesta satisfactoria a las filosóficas preguntas fundamentales e ir tirando con ello.

En parte esto es debido a que la experiencia ajena nos deja bien claro que la vida tiene un final. Personalmente, si tuviera un tiempo infinito a mi disposición podría dedicar mi existencia a conseguir algún noble logro, como construir y viajar en mi propia nave espacial, jugar decentemente al fútbol, o modular mi desafinada voz hasta lograr ser admitido en el coro del colegio. Tal vez con unas cuantas decenas de miles de años de duro trabajo consiguiera algo de esto, pero no con lo que presumiblemente tengo a mi disposición, así que será mejor olvidarlo y pensar en otra cosa.

Pero no seamos pesimistas. Es posible asignar un sentido trascendente a nuestra vida, si algún acontecimiento o aspecto de ella es

---

[2] Como muy bien apunta Robert Anson Heinlein en "Tiempo para amar".

[3] *"El tiempo perdido amando"* es una hermosa paradoja (o contradicción).

realmente especial: por ejemplo, de una gran intensidad o de naturaleza infinita. El enamoramiento es una experiencia muy común que puede cumplir el "criterio de trascendencia". Basta para dar sentido a una vida. Cualquiera que se haya enamorado alguna vez sabe de lo que estoy hablando. Y quien diga que no se ha enamorado nunca... probablemente miente. La experiencia de enamorarse tiene sentido en sí misma. Es única, irrepetible, completa. No necesita de demostraciones o justificaciones; no necesita de nada más.

Pero ¿qué hacer cuando esto se acaba? La vida, gracias a aquella experiencia amorosa, ya es completa, ya tiene sentido. Bien, pero si el enamoramiento termina ¿qué hacemos con la nueva vida que surge para nosotros a partir de ahora? ¿Buscamos precipitadamente un nuevo enamoramiento que le dé sentido?

No tendríamos este problema si fuéramos capaces de asignar a todo aquello que estamos haciendo, una delicada atención, de forma que se convierta en un "acto enamorado", un acto con sentido en sí mismo[4]. Esto parece muy difícil, y lo es, pero se puede conseguir de vez en cuando, por ejemplo observando las estrellas y la luna. También, algunos, conseguimos acercarnos a ello en el acto de comer una jugosa tortilla de patatas o una buena paella en la playa.

A mí por lo general me resulta sencillo considerar estos actos como algo con sentido en sí mismo. Pero es muy difícil asignar este "tiene sentido en sí mismo" a otras actividades, como preparar la declaración de la renta, esperar en la cola del supermercado o cambiar una rueda pinchada, solo, de noche, sin luz, rodeado de nieve y con 38 grados y medio de fiebre. ¿Somos capaces de intentarlo?

El hombre occidental, enfrentado a estos dilemas (básicamente, pagar impuestos, esperar colas y arreglar pinchazos), termina apostando a una carta más segura: colocar la trascendencia fuera de sí mismo. Ya que somos perecederos, dediquemos nuestra vida a algo que esté fuera de nosotros, algo que pueda mantener su existencia cuando nosotros ya no estemos: la familia, el comunismo, la patria, la religión o el Real Madrid[5].

¿Cuál será nuestra elección? ¿La delicada atención del acto enamorado permanente? ¿El Real Madrid? ¿Ninguno de los dos? ¿Acaso

---

[4] No puedo evitar asociar esta idea a la imagen mental de un oriental tomando té o realizando cualquier otra actividad con total serenidad, equilibrio y elegancia; es decir, de una forma tan ajena, que puede parecer hasta extraterrestre.

[5] Es un equipo de fútbol Español. ¡Seguro que Usted ya lo sabía!

la terrible y estremecedora combinación de ambos, esto es, la delicada atención propia del acto enamorado de ser hincha del Real Madrid?

Este libro es el resultado de una modesta reflexión personal sobre los aspectos fundamentales de la existencia sensible, dirigidos hacia la capacidad de dar sentido a la existencia, y cuyo origen se remonta al estudio de la posibilidad de la construcción de un ser inteligente sensible artificial. Tal vez el lector se pregunte qué tiene que ver una cosa con la otra. Efectivamente, desde cierto punto de vista, poco o nada. Comencé a interesarme por la Ciencia-ficción (o Ficción Científica), la Robótica, la Inteligencia Artificial, la simulación de vida por computador o Vida Artificial, la Evolución, la simulación de estrategias altruistas, cooperativas y egoístas, y todo esto me llevó al estudio de la subjetividad[6] y a tratar de responder a las preguntas: "¿Qué soy yo?", "¿Qué es ser?", "¿Qué es Real?", llegando al extremo de estar por fin bastante aburrido con todo este entretenimiento, y firmemente decidido a reunir todas estas reflexiones en un libro, como quien saca una foto a un viejo edificio antes de decidirse a tirarlo para construir algo nuevo, o tal vez ni siquiera para eso, simplemente por el deseo de dejar espacio libre a la vista.

No sé si afortunada o desafortunadamente, en este libro el lector encontrará no sólo preguntas, sino también algunas respuestas, denominadas alguna vez con gran acierto como *chorradas*. Sin embargo, ni mis respuestas, ni cualquier otra argumentación en relación con la trascendencia tiene la menor importancia frente a la experiencia trascendente subjetiva de cada uno. En este libro se tratan sistemáticamente los aspectos fundamentales de la experiencia humana, pero el hablar de estas cosas no es importante, no es mas que un entretenimiento: lo importante es sentirlas, vivirlas, amarlas.

Soles occidere et redire possunt;
nobis cum semel brevis lux occisus est
nox est perpetua et una dormienda.
(Catulo)

---

[6] Hace más de diez años que escribo artículos sobre estos temas, algunos de los cuales se pueden encontrar en Internet y otros en revistas especializadas de informática.

> *Los soles se ocultan, y pueden aparecer de nuevo;*
> *pero cuando nuestra efímera luz se esconde*
> *la noche es para siempre,*
> *y el sueño, eterno*
> (Catulo)

El inexorable abandono de la juventud es un hecho conocido por todos, pero sus aparentemente tenebrosas implicaciones (que van más allá de unos kilos de más y las patas de gallo) hacen que la mayoría de nosotros optemos por "adormecer" la mente en cuanto a estos temas. Hacerse el tonto ante los asuntos importantes de la vida es una habilidad que cualquier hombre civilizado desarrolla con gran rapidez. En el momento de la muerte, es casi seguro que sabremos en qué invertir los años pasados[7]. Pero ya será tarde. ¡Qué peor amenaza que ésta!

Reconozco que es muy desagradable sacar a colación este tema, y que esto puede ser interpretado como una falta de cortesía. Pido disculpas. Lo lamento enormemente. Por favor: censúrese Usted mismo saltándose estos párrafos[8].

Dejemos hablar a Alice y Bob. Si la píldora es amarga de tragar, rodeémosla de azúcar.

> En rítmico movimiento, ella sentía el olor, el sudor y sus muslos en tensión. Las piernas de Alice se movían acompasadamente. No era extraño, ya que pedaleaba con fuerza en su bicicleta. Llegó por fin a casa de Bob, la cabeza le hervía y el cuerpo irradiaba calor. El cansancio le hacía sentirse más alta y captar la luz más intensamente, mientras atravesaba pasillos y habitaciones empequeñecidas. Dudó entre meterse en la ducha o descansar primero un poco, y mientras lo pensaba se quedó tendida en la cama, medio vestida, sintiendo que el deseo se apoderaba suavemente de su cuerpo mientras escuchaba desde la cocina los saludos cariñosos de Bob.

---

[7] Para despertar a la realidad, la transmisión visual tal vez haga aquello para lo que la palabra escrita ha demostrado ser casi impotente. Así lo muestra David Navarro en www.davidnavarro.com/juoventud/

[8] Esta es una forma de asegurarme que no, que Usted leerá esta parte con la mayor atención. ¡Lamentable!

-Lo he estado pensando –dijo Alice soltándose del abrazo entre besos, manteniendo el contacto físico con la palma de la mano en su pecho- y creo que no debemos tener miedo a la muerte, simplemente porque no estamos vivos.

-¿Ya estás otra vez con ese tema? ¿Qué quieres decir con que no estamos vivos? –Bob no dejó de sonreír.

-Precisamente eso. *Parece* que estamos vivos, pero no es verdad. Por tanto, no tiene sentido tener miedo a la muerte, y no querer hablar de ello, como haces tú. Todo lo que hacemos es apariencia. No es real.

-Uhm... esto es interesante. Para mí ha sido muy real lo que acabamos de hacer, pero si tienes dudas, podemos repetirlo de nuevo, y después...

-Bob, hablo en serio. Escúchame un poco y tal vez luego tengas un premio... si eres capaz de mantenerte despierto. Ahora escucha. He llegado a un punto en el que me doy cuenta de que son equivalentes la vida y la muerte. Todo son apariencias.

-Alto ahí, jovencita. Incluso admitiendo la hipótesis de que sólo estamos *aparentemente vivos*, debes reconocer que ninguno de nosotros quiere pasar del estado de *aparentemente vivo* al estado de *aparentemente muerto*. Estando así las cosas, me importan mucho las apariencias ¿Acaso conoces alguna forma de mantener esas apariencias eternamente? No. Yo tampoco. Por tanto, no quiero pensar más en ello. ¡Ahora paga tus deudas, bribona!

-No me entiendes. Lo he leído en este libro. –Tomó en sus manos "Arena sensible". –Si lo dice en un libro, será verdad, ¿no? –Sonrió con ironía y lo abrió por la página 14- En esta misma línea dice que en cada instante nacemos y morimos. Cada vez es una nueva persona la que nace y muere, aunque posea los recuerdos de la anterior. Esto produce una ilusión de continuidad, a la que llamamos *estar vivo*.

-También dice que se trata sólo de una hipótesis. –Bob leyó con atención- ¡Bah! Este libro es auto-referente. Crea una ilusión hablando de sí mismo, imitando a *La historia interminable* o GEB de Hofstadter. A estas alturas es un truco vulgar.

-Exactamente, y eso es lo que ocurre con la vida: es un acertijo, y hay un truco. Lo mismo ocurre con los prestidigitadores, que hacen enfocar al público su atención hacia algún objeto determinado -los menos sofisticados, hacia las piernas de la señorita-, mientras en otro lugar llevan a cabo sus manipulaciones. Está frente a todos pero nadie lo ve.

[Alice y Bob se alejan en el horizonte, cogidos de la mano. Se besan, se besan y se besan.]

Cobardes (o incapaces en el mejor caso)

El miedo a la muerte nos manipula, activa o pasivamente. Ignorar la muerte es una solución realmente buena, pero no permite avanzar trascendentalmente más que hasta cierto punto. Este libro intenta, con dudoso éxito, proponer algunos argumentos que puedan ofrecer alguna luz en este asunto, no tanto descubriendo la auténtica naturaleza de las cosas –que el autor desconoce-, sino tratando de evitar o al menos suavizar nuestros fuertes prejuicios equivocados sobre ellas.

La primera parte del libro hace un reconocimiento de la realidad desde un punto de vista objetivo, es decir, tratando de llegar a una verdad única e inmutable, ignorando o tratando de evitar el hecho de que esta reflexión está hecha desde un punto de vista concreto, desde una subjetividad. Se analizan de pasada algunos de los temas más interesantes, como son la Inteligencia Artificial, La Ciencia-ficción y la Vida Artificial.

La segunda parte incide con más fuerza en la idea -de la que ya existen anticipos en la primera parte- de tener en cuenta la subjetividad en todos los procesos de reconocimiento de la realidad. En esta sección se habla de evolución, de libertad y como no, de subjetividad.

Este es el momento de enumerar otras cualidades del texto que el lector va a encontrar. La escasez y desorganización de las citas bibliográficas en este trabajo son significativas del alejamiento del carácter científico tradicional en su forma. Esta omisión permite ahorrar al autor interminables sesiones de búsqueda de referencias en bases de datos y bibliotecas. El autor sustituirá esta ingente tarea por una buena siesta. En el fondo, en cambio, el carácter científico esencial, la anhelada "imparcialidad = objetividad" del texto se ha mantenido íntegramente, aunque esto es algo de debe juzgar el lector, ya que se trata de algo totalmente subjetivo.

En cuanto al uso de términos empleados, es frecuente que muchos de nosotros tengamos diferentes interpretaciones para las mismas palabras, así que he tratado de definir previamente lo que sospecho pudiera ser origen de confusión, es decir, prácticamente todo. Estoy convencido de que las personas no nos ponemos de acuerdo fundamentalmente porque hablamos lenguajes diferentes.

En este libro se plantean diversas analogías siguiendo la metáfora o hilo semi-conductor[9] de la aparición de subjetividad en un ordenador, en una máquina construida por chips y procesadores de silicio, que según dicen están hechos, básicamente, de arena.

Implícitamente esta estrategia supone que la analogía es capaz de ofrecer algo de luz en el camino de entender aquello que por su propia naturaleza nos es especialmente oculto y elude ser conocido de otra forma. Se trata de un caso de necesidad. Llevado al extremo, aquí ocurre algo parecido a la situación en la que en la noche un hombre busca debajo de una farola encendida su cartera, extraviada varios metros más allá de la fuente luminosa. ¿Por qué lo busca aquí? Porque aquí hay más luz.

---

[9] No lo puedo evitar, me encantan los chistes malos.

PRIMERA PARTE

Objetividad

1. Inteligencia artificial

"Señoras y señores: he aquí la lavadora inteligente, ..." ¿Cómo? ¿Lavadora? ¿Alguien ha dicho Java? Algunos sabemos que Java era originariamente un lenguaje para electrodomésticos, pero esta vez no se trata de eso. Este capítulo trata de otra cosa. Afortunadamente no insistiré en describir las maravillas de la *Inteligencia Artificial* (IA). Más bien podemos decir que "La Inteligencia Artificial ha muerto" o "Lo de la IA ya no se lo cree nadie".

Tenía que ocurrir. Ahora, si alguien califica su creación informática de inteligente, se fruncen ceños de desconfianza, cuando no se provoca risa. Rodeados como estamos de edificios inteligentes donde si no hace calor, hace frío; automóviles inteligentes que insisten en que nos pongamos un cinturón de seguridad estropeado, y semáforos inteligentes en perenne madurez y sin caer del guindo, ha llegado un momento en el que decir que nuestro programa es inteligente sólo lo descalifica.

La culpa la tienen, por supuesto, la televisión, la publicidad y las lavadoras automáticas. Confirmándose una vez más el éxito indiscutible del iterado cliché de la vecina elogiando las camisas de su marido, los comerciales informáticos no dudaron en aplicar similares atribuciones a sus productos. Los jabones pasaron del superblanco al ultrablanco. Nuestros programas, con idéntica lógica, de ser Sistemas Expertos o Agentes Inteligentes, a usar tecnología IntelliSense (un tipo de ayuda sensible en el que trabaja Microsoft.) También han salido ya las lavadoras con Fuzzy Logic, concretamente la nueva Eco-Lavamat de AEG. No dudo que sea una fantástica lavadora. Probablemente la capacidad de manejar conceptos difusos mediante Lógica Borrosa le confiera alguna ventaja; tal vez la de distinguir la ropa sucia de la muy sucia y de la extremadamente sucia. Pocas cosas hay tan borrosas como una camiseta blanca después de diez días de travesía por el monte, sin más agua que la de la cantimplora. Poco importa, en definitiva, el nombre del jabón, se trata de que lave. ¿Y ya lava? No está mal. ¿Y es inteligente? Pues vaya, depende...

Pero bueno, ¿Es que cada uno tiene derecho a llamar IA a lo que le dé la gana? Pues claro que sí. Esto ocurre porque nadie sabe aún qué demonios es la IA. Yo quiero mostrar en primer lugar mi definición predilecta, mediante una inspirada conversación de bar, real como la vida misma. Escuchemos a Bernardo y a su amigo Carlos.

-¿Y qué está leyendo últimamente Alicia? –Inquirió maliciosamente Carlos-

-Uff, no me hables, un rollo tremendo de otro cuentista- se quejó Bernardo.

-Y luego se forran vendiendo esa basura, la verdad.

-Es que este es insoportable. He tratado de leer un par de capítulos, y con afán de ser constructivo diré que lo que he leído no sólo es malo, sino terriblemente malo. El autor no tiene idea de lo que sabe ni de lo que escribe. Parece haber leído algunos libros de divulgación introductorios, haber escrito lo que entendía y luego llamarle a eso investigación científica. ¡Fantoche! Eso no es investigación ni divulgación seria.

- Apuesto a que es uno de esos autores que empiezan su libro con una larga dedicatoria a todos sus amigotes. Y después dale que te pego con una durísima fingida autocrítica de él y su obra. Es la forma que tienen los inseguros fantasiosos de mostrar su propia debilidad. Tienen tanto miedo a la crítica que prefieren ser los primeros en hacerla.

- Ya ves... supongo que los más atrevidos son capaces de autocriticar hasta su propia autocrítica...

-¡Bueno, no te hagas mala sangre! ¿Que andas programando últimamente?

-Pues, acabo de terminar un programa inteligente. -Comenta bajito, para que no lo oiga nadie más-

-¿Te refieres a un programa de IA? –responde Carlos- ¡Eso es imposible!

Para Bernardo, ésta es la oportunidad de alargar un poco más la noche, y llenar de nuevo el vaso de cerveza vacío. Sin vacilar comienza la habitual argumentación.

-Bueno, hay gente que opina que nunca se podrá imitar la mente humana, pero...

-¡No, No! -Corta enseguida Carlos- Todo eso me lo creo. ¡Lo que digo que es imposible es que lo hayas hecho tú!

¡Acabáramos! La IA son los últimos descubrimientos, las nuevas tecnologías, los límites de la computación. La IA es una frontera en continuo movimiento. Y claro está, parece obvio que todo esto no es posible en manchego: si no lo leo en inglés, no me lo creo.

Hay otras definiciones más aceptadas: la IA trata de construir máquinas con comportamiento aparentemente inteligente. El hombre es un ser inteligente. ¿Lo son los animales? ¿Lo son las células? ¿Acaso son necesarias células de algún tipo para que se produzca comportamiento inteligente? Podemos decir que en torno a la respuesta a estas preguntas surgen los dos grandes bloques enfrentados en la materia: el enfoque simbólico o *Top-Down*, también llamado IA clásica, y el enfoque sub-simbólico (*Bottom-Up*), llamado a veces conexionista.

IA simbólica y sub-simbólica

Los simbólicos simulan directamente las características inteligentes que se pretenden conseguir. Como modelo de mecanismo inteligente a imitar, lo mejor que tenemos y más a mano es el Hombre (que tal vez no sea gran cosa, o tal vez sí.) Desde este punto de vista, poco interesa simular los razonamientos de los animales, y mucho menos simular procesos celulares. El *boom* de los Sistemas Expertos, fue producido por este planteamiento.

Para los constructores de sistemas expertos, es fundamental la representación del conocimiento humano y debemos a ellos los grandes avances en este campo. Realizando una gran simplificación, se debe incluir en un sistema experto dos tipos de conocimiento: "conocimiento acerca del problema particular" y "conocimiento acerca de cómo obtener más conocimiento a partir del que ya tenemos". Para el primero existen técnicas como los *Frames* (marcos) que fueron los padres de lo que hoy conocemos como *Programación Orientada a Objetos*. El segundo es llamado también mecanismo de inferencia y requiere además de un método de búsqueda que permita tomar decisiones, como por ejemplo, seleccionar la regla a aplicar del conjunto total de posibles reglas. Esto puede parecer lo más sencillo, pero suele ser lo más difícil. Se trata de elegir y elegir bien, pero sin demorarse varios millones de años en hacerlo.

Como ejemplo representativo de la rama simbólica llevada al extremo tenemos el proyecto *Cyc* de Douglas B. Lenat, con un sistema que posee en su memoria millones de hechos interconectados. Según

Lenat, la inteligencia depende del numero de reglas que posee el sistema, y *"casi toda la potencia de las arquitecturas inteligentes integradas provendrá del contenido, no de la arquitectura."* Para él, los investigadores que esperan poder resolver con una única y elegante teoría todos los problemas de inferencia y representación de conocimientos, padecen celos de la física: ansían una teoría que sea pequeña, elegante, potente y correcta.

Los esfuerzos de la otra rama de la IA, los sub-simbólicos, se orientan a simular los elementos de más bajo nivel que componen o intervienen en los procesos inteligentes, con la esperanza en que de su combinación emerja de forma espontánea el comportamiento inteligente. Los ejemplos más significativos probablemente sean las Redes Neuronales Artificiales y los Algoritmos Genéticos. Aunque parezcan un fenómeno más reciente, estos paradigmas no son más jóvenes que los Sistemas Expertos de la IA clásica, simplemente tuvieron menor publicidad y financiación. En cualquier caso, pasaron desapercibidos. El Primer modelo de red neuronal fue propuesto en 1943 por McCulloch y Pitts. El Perceptrón de Rosenblat apareció en 1959, produciendo una gran y breve expectación que quedó pronto en el olvido, y J. H. Holland introdujo la idea de los Algoritmos Genéticos en 1965. Las grandes ventajas de estos sistemas son la autonomía, el aprendizaje y la adaptación, conceptos todos ellos relacionados.

A finales del siglo XX, las peleas y críticas entre los dos planteamientos fueron casi tan intensas como ridículas. Pero podían ser entretenidas. A veces se encendían los ánimos, como en una competición deportiva, y en cierto modo era divertido, seguro que mucho más que el fútbol. Se preguntará el lector con qué postura me identifico yo. Precisamente, me he visto envuelto en discusiones, defendiendo ambas alternativamente, llegando finalmente a la conclusión obvia, desenlace de la trama. Tras la resaca del auge de la IA simbólica, todos los éxitos fueron cosechados por los subsimbólicos, y el "pasarse al otro bando", al menos en ciertos aspectos, se convirtió en una actitud habitual. Pero como era de esperar, finalmente se vio triunfar el sentido común de aprovechar las grandes cualidades de una u otra postura, o de ambas, en sistemas combinados.

Estupidez Natural

Tan difícil es definir "inteligente" como definir "artificial". Si artificial consiste en "creado por el Hombre", absolutamente todos los progenitores han creado seres vivos inteligentes artificiales: sus propios hijos[10]. Es decir, con artificial nos referimos más bien a "creado por el Hombre, pero no de la forma habitual", y más concretamente "no como lo hacen los monos y los lobos". Por ahora lo dejaremos así y no escarbaremos más en esta definición, no vaya a ser que descubramos que realmente pocas cosas hay que no hagamos como los monos y los lobos[11].

Cuando un ser humano se plantea construir un ser humano artificial, inmediatamente piensa en la característica de la inteligencia, manifestada principalmente en el aprendizaje. No tenemos muy claro qué es la inteligencia, pero sí qué es el aprendizaje. Vamos a verlo.

En Inteligencia Artificial (IA) uno de los mayores deseos es el de poder contar con una arquitectura que soporte todo tipo de proceso inteligente.

En la ciencia cognitiva, el concepto "Arquitectura" se refiere a la estructura no flexible subyacente al dominio flexible del proceso cognitivo, es decir, a la estructura que soporta los procesos cognitivos superiores.

Este capítulo trata de argumentar el hecho de que las máquinas son capaces de aprender, explicando, más o menos, más bien mal que bien, cómo lo hacen. Esto puede ser análogo a intentar explicarme a mí cómo funciona un motor diesel, para argumentar de esta forma que los motores diesel son capaces de moverse, junto con la carrocería y el conductor, su mujer, cuatro niños, dos perros un gato y un pez anaranjado contenidos dentro. Si Usted no está especialmente interesado en el aprendizaje automático como yo no lo estoy en los motores diesel, puede saltarse este capítulo, o leerlo "en diagonal" fijando la atención en palabras sueltas y deteniéndose a leer con detalle si en-

---

[10] Suponiendo, por supuesto, que a éstos vástagos se les pueda llamar *inteligentes* y que efectivamente, sean *sus* hijos. Prometo hacer un esfuerzo por dejar de ofrecer más pruebas de que me gustan los chistes malos.

[11] Los chimpancés son capaces de entender el lenguaje oral y de comunicarse entre sí y con los seres humanos a través de lenguaje de signos (lenguaje de los sordos). Además, tal como describe Roger Fouts en *Next of Kin*, piensan y actúan de un modo tan similar al de los humanos, que resulta fácil ver en ellos a unos parientes cercanos, tan próximos como si se tratara de primos hermanos.

cuentra la descripción de alguna escena erótica (cosa poco probable, pero no imposible, como ya se ha demostrado.)

Las arquitecturas propuestas como bases de la cognición humana se denominan Arquitecturas Cognitivas, mientras que las correspondientes para la cognición artificial son llamadas Arquitecturas para Sistemas Inteligentes Integrados, o Arquitecturas para Agentes Inteligentes, o Arquitecturas Generales de Inteligencia[12].

Los intentos de construcción de sistemas cognitivos artificiales se basan en la hipótesis de Newell y Simon según la cual *"un sistema físico de símbolos constituye el medio necesario y suficiente para una acción inteligente general"*[13].

Si se pudieran explicar los procesos cognitivos superiores de una manera intrínseca, es decir, si se pudiera demostrar que los procesos mentales inteligentes que realiza el hombre se producen a un nivel superior (o intermedio) con independencia de las capas subyacentes que existen hasta la constitución física del ente inteligente, se demostraría que es posible crear -mediante un sistema de símbolos físicos-, una estructura artificial que imite perfectamente la mente humana mediante una arquitectura de niveles, ya que se podría construir dicho nivel superior mediante la combinación de elementos que no necesariamente han de ser los que forman el nivel inferior en los humanos (que por ejemplo, podemos suponer que son las neuronas.)

En cambio, si sólo se pudieran explicar los procesos cognitivos superiores mediante una descripción "al más bajo nivel" (comportamiento neuronal), sólo se podría imitar la inteligencia humana mediante la construcción de neuronas artificiales.

Para ser exactos, esta afirmación está condicionada por la certeza de la suposición (bastante común; tan común como gratinar los macarrones) según la cual el neuronal es el más bajo de los niveles relevantes para la formación de los procesos cognitivos. A pesar de ser muy común, algunos estamos empeñados en que no es buena idea poner queso quemado encima de los espaguetis. Arbitrariamente, se podría haber elegido otro nivel aún mas bajo (moléculas, átomos). Llevado al extremo, se podría rescribir la afirmación, sustituyendo "neuronas" por "la más pequeña partícula significativa de nuestro

---

[12] Rosenbloom, Paul S. *Soar papers: research on integrated intelligence.* 1993.
[13] Newell, A. Simon, Herbert A. *Human problem solving.* Prentice Hall. 1972.

Universo", si existiera, es decir, si éste fuera discreto (no infinitamente divisible)[14].

Las denominaciones "nivel superior" y "nivel inferior" expresan cualidades de referencia mutua, pero no absolutas. Es decir, parece que se puede encontrar con facilidad un nivel que esté aún más bajo que el que hemos llamado "nivel inferior": el nivel atómico es inferior al neuronal. Ocurre lo simétrico respecto al nivel superior: la conciencia colectiva, si la hubiera, y también los conceptos de familia, equipo, país, etc. son de un nivel superior al individual. La existencia de una conciencia colectiva capaz de comunicarse a un nivel superior al del individuo parece evidente en los estudios sobre el comportamiento de algunos insectos, siempre que hagamos el esfuerzo de no interpretar el término "conciencia colectiva" desde nuestro punto de vista subjetivo como individuos. ¿Cómo conseguir esto? No es difícil, si se usa una analogía bajando un nivel. Imaginemos dos células (concretamente, dos neuronas) de nuestro cuerpo charlando amistosamente acerca de la posibilidad de que el conjunto de células forme una "conciencia colectiva". Las neuronas podrían hablar sobre esta "conciencia colectiva", ponerla en duda o intentar argumentar su existencia, pero difícilmente podrían llegar a comprenderla, no puede ser un concepto familiar para ellas[15].

El hecho de suponer que el comportamiento inteligente en el hombre se produce a un nivel superior con independencia de los niveles inferiores está íntimamente relacionado con el debate entre *holismo* o creencia en que "el todo es más que la suma de sus partes" y el *reduccionismo*, o creencia en que "un todo puede ser comprendido

---

[14] En principio, se trata de tener un tiempo y espacio discretos (no infinitamente divisibles), teniendo en cuenta que "lo mismo ocurre con la posición", ya que en caso contrario podríamos tener unidades mínimas de espacio colocadas en infinitas posiciones intermedias entre dos puntos y esto podría tener su importancia. En principio deberíamos insistir también en que el sistema debe ser discreto en masa, pero para quien, como yo, acostumbra a verlo todo en una pantalla, la masa le es extraña e indiferente, y pienso fundamentalmente en términos de tiempo y espacio, y asociadas a ellos, infinidad de propiedades, como por ejemplo, "color" o "masa". Pero todos los posibles atributos significativos deberían ser discretos en este sistema para poder hacer dicha copia, incluida la masa o el color.

[15] E.O. Wilson, en "The insect societies" define la comunicación masiva como la transmisión de información, dentro de grupos, que un individuo particular no podría transmitir a otros.

completamente si se entienden sus partes, y la naturaleza de su suma."[16]

Los esfuerzos desarrollados en Arquitecturas Generales de Inteligencia son puramente reduccionistas. Por el contrario, el holismo subyacente en los modelos conexionistas como las Redes Neuronales Artificiales, sugiere el aspecto de la interdependencia entre algunos niveles, o lo que es lo mismo, la imposibilidad de sustituir un nivel (las conexiones neuronales, como sistema sub-simbólico) por otro que realice sus mismas funciones (sistema simbólico). Sin embargo, como ya se ha explicado, también las Redes Neuronales Artificiales pueden ser consideradas reduccionistas si tenemos en cuenta otros niveles aún más bajos.

Símbolo y subjetividad

Evidentemente, en todo este discurso estamos suponiendo la existencia de símbolos, es decir, la existencia de niveles de significado. Se trata de una extraña palabra: Símbolo ¿Qué es un símbolo? Un símbolo es una cosa que representa a otra. ¿Pero qué es representar? Para que un símbolo físico pueda representar otra cosa distinta de sí mismo, debe existir una entidad que perciba dicha interpretación. Dicha asociación entre el símbolo físico y el significado lógico que representa, no se encuentra en el propio símbolo, sino en el intérprete de ese significado.

Se puede pensar en símbolos físicos o materiales (nivel inferior) representando objetos de un nivel lógico (nivel superior), pero no tenemos por qué limitar la realidad a estos dos niveles, ya que los objetos lógicos (normalmente, combinados entre sí) pueden representar otros objetos lógicos de un nivel superior. Así es como las letras forman palabras y éstas a su vez frases, libros y bibliotecas.

Pero no sólo esto. Cualquier nivel que denominemos "físico" puede estar formado a su vez por partículas más pequeñas, de forma que las "partículas grandes" sean construcciones lógicas respecto de las más pequeñas. Por ejemplo, "mesa" es una construcción lógica de otros elementos de nivel inferior: "patas" y "tablero". Pero "patas" y "tablero" están formados a su vez por otros elementos, así que tam-

---

[16] Hofstadter, Douglas R. *Gödel, Escher, Bach. Un Eterno y Grácil Bucle*. Tusquets Editores & CONACYT. 1987.

bién podemos considerarlos abstracciones lógicas, y así sucesivamente.

La descripción de la realidad como una jerarquía simbólica es muy hermosa, pero no perdamos de vista al intérprete que hace que esa jerarquía sea auténtica. Los símbolos existen porque existen entidades que reconocen su significado. Podemos preguntarnos ¿Cómo es que somos capaces de reconocer el significado de ciertos símbolos? Y también ¿Somos capaces de hacer alguna otra cosa que no sea reconocer símbolos?[17] Cuando una raqueta de tenis golpea una pelota, no es necesaria ninguna abstracción lógica del tipo "raqueta" o "pelota" para que la materia, o la energía, interactúe entre sí. El suceso puede explicarse completamente a un nivel material o inferior arbitrario cualquiera... pero es muy lento y aburrido hacerlo de esta forma. Los símbolos actúan como resúmenes de la realidad. Pero lo hacen porque hay alguien a quien le interesan esos resúmenes.

Aprendizaje automático

Volvamos al asunto del aprendizaje. Deseamos construir un ente artificial capaz de aprender. ¿Aprender qué? Aprender a resolver ciertos problemas ¿Qué es un problema? Un problema es un deseo de cambio: tenemos una situación A, una situación B, unos sentidos capaces de captar ambas situaciones, y "resolver el problema" es hallar la serie de acciones que llevan de A a B, ya que por alguna razón, nos interesa más la situación B que la A[18]. Para que nuestra máquina pueda resolver un problema, ha de poder recibir de alguna manera los términos en que se define éste: la situación actual (A), y el objetivo al que se desea llegar; algo que permita reconocer cuándo se ha conseguido la meta (situación B). Además, se debe dar la posibilidad de realizar una serie de acciones que actúen sobre los elementos componentes del problema. Por último, si queremos enterarnos de lo que ha ocurrido, nos deberá comunicar la solución a la que ha llegado.

Bien, pero ¿cómo se puede producir el aprendizaje? Vamos con un ejemplo. Imaginemos una sala en la que se encuentran 200 personas

---

[17] Como más adelante se verá, toda la realidad es mental. *La* realidad es mental porque *nuestra* realidad es mental. O algo parecido.

[18] Otra forma de resolver el problema es que nos deje de interesar llegar a B.

que jamás han oído hablar de juego del tres-en-raya. Los individuos son reunidos por parejas en mesas que disponen de tableros y se les anima a jugar, ofreciéndoles tres fichas a cada uno. En cada mesa existe un juez que señalará las infracciones cometidas, determinará el ganador -si lo hubiera-, e indicará el final de cada partida.

En un principio se producirá un desconcierto general. Se podrá observar contrincantes intercambiando fichas, colocando varias en una misma casilla o incluso algunos jugando con el tablero del revés. ¡Se puede suponer que los jueces tendrán mucho trabajo!

Después de un tiempo, no sería extraño que algún jugador hubiese colocado por fin tres fichas en línea, después de una serie de movimientos correctos. Si entrevistamos a éste, puede que nos describa cómo descubrió que cada jugador sólo puede colocar sus fichas en alguna de las casillas libres, teniendo que ceder el turno al contrincante cada vez que se hace esto. Sin embargo, es muy posible que aún dude de qué es lo que le hizo ganar la partida.

Resumiendo, un sistema que aprende deberá ser capaz de crear un nivel adicional de significado o incrementar el conocimiento de este nivel superior ya existente mediante la combinación de elementos de un orden inferior. Un método de aplicación general para producir aprendizaje en cualquier entorno podría ser un sistema que utiliza un generador aleatorio de símbolos (presunto conocimiento), y pone a prueba su utilidad convirtiendo símbolos en acciones realimentándose con los efectos de esas acciones, convirtiendo en sentido opuesto, hechos del mundo real en símbolos manejables por la función de realimentación. Resumiendo: se trata de probar de todo hasta que funcione, y luego recordar cómo se hizo.

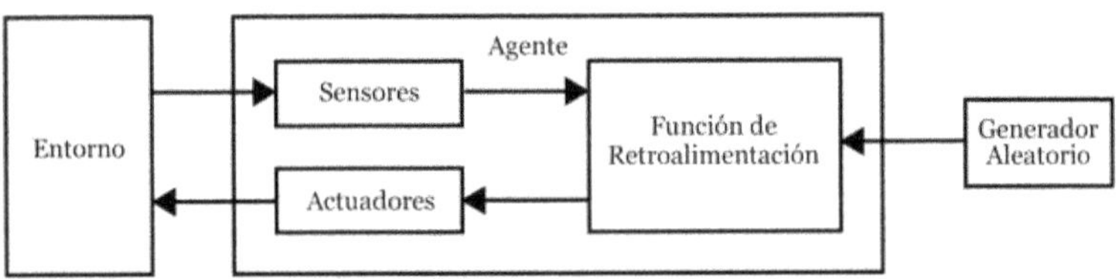

Figura 1.1. Un mecanismo general de aprendizaje

Esta descripción sirve tanto para personas como para máquinas. Hablemos indistintamente de "agentes" para hacer referencia a ambos casos. Mientras que el agente recibe, actúa sobre y maneja hechos del mundo real[19], la función de realimentación contenida dentro del agente (en su cerebro) recibe, actúa sobre y maneja símbolos de un nivel superior, que pueden representar o no hechos del mundo real. La función de realimentación, aunque también está constituida por símbolos físicos igual que el entorno, produce la emergencia de un nivel de significado superior al de los símbolos físicos, pudiendo existir dentro de ella, otros niveles de abstracción aún superiores.

Este aprendizaje por ensayo y error mediante la ejecución de acciones al azar posee inicialmente una probabilidad muy baja de obtener el resultado deseado. Eso es cierto. Sin embargo, es la única alternativa para quien posee un absoluto desconocimiento acerca del problema al que se enfrenta. Si nos planteamos la construcción de un auténtico Resolutor General de Problemas, deberemos tener en cuenta todo tipo de problemas, incluidos aquellos para los que nuestro Resolutor no dispone de ningún conocimiento.

Volvamos a nuestro caótico tres-en-raya y ahora hagamos que los jugadores estén obligados a enviar mensajes al resto, comunicando sus descubrimientos. De esta forma tendremos rápidamente a todos los jugadores realizando partidas válidas. Muchas veces se generará conocimiento de dudosa utilidad, pero los jugadores podrán asignar un grado de confianza a cada mensaje en función del número de veces que sea recibido, o en función del éxito producido al utilizarlo en las propias partidas. Siguiendo este método, inevitablemente acabaremos obteniendo 200 expertos jugadores de tres-en-raya. No es de extrañar, dado lo sencillo que es el juego.

Agentes software

¿Cómo construir un programa software capaz de aprender a jugar a este juego? El programa será un agente que se enfrenta a una realidad: un entorno, compuesto por el tablero y el contrincante. Este entorno reaccionará de cierta forma ante las acciones que se realicen sobre él. Por ejemplo, después de realizar la acción de colocar una

---

[19] El lector se habrá dado cuenta de que en este contexto el concepto de "mundo real" es totalmente subjetivo.

ficha en el tablero, podremos observar el nuevo estado del tablero, que incluye una nueva ficha: ¡la nuestra, evidentemente! Si el nuevo estado que va a adoptar el entorno no depende en absoluto de las acciones que se ejecuten sobre él, tiene poco sentido seguir intentando resolver el problema. Se podría incluso considerar la no-acción como una acción y esperar a que se resolviese por sí mismo.

Sin embargo, supondremos que siempre será posible predecir con una cierta probabilidad el comportamiento del sistema al que nos enfrentamos. Es decir, que existe una relación entre las acciones que realizamos sobre el entorno, y el estado siguiente de éste, de forma que es posible asignar una probabilidad a la relación entre un estado inicial, una acción nuestra sobre él, y el estado resultado obtenido con esa acción. Así podremos tener reglas del tipo:

```
ESTADO + ACCIÓN = NUEVO ESTADO : PROBABILIDAD
```

Los agentes realizan un ciclo continuo de observación y acción. Un agente siempre posee un objetivo; una misión que cumplir. Los agentes interpretan la información que reciben de sus sentidos, transformándola en conceptos que definen la situación en la que se encuentran. Así, entre otras cosas, comprueban hasta qué punto se cumple el objetivo que los define. En el caso de no cumplirse éste, deciden según ciertos criterios cuál es la sucesión de acciones que sería necesario ejecutar para lograr la meta y a continuación ejecutan dichas acciones.

En el caso del tres-en-raya, el objetivo es ganar el juego. Los sentidos nos informan en cada momento del estado del tablero, que se almacenará en la memoria. Las acciones son no sólo las que actúan directamente sobre el problema que se está resolviendo, como colocar una ficha, sino también aquellas que producen razonamiento, aquellas que consisten en manejar de alguna forma el conocimiento almacenado en la memoria, y que posteriormente determinarán la secuencia de acciones a realizar sobre el entorno.

Si se realiza una acción y se pasa a un estado desconocido, se almacenará información que represente ese nuevo estado y se creará una regla que represente las condiciones necesarias para pasar a ese nuevo estado.

El problema consiste en identificar qué acción ha sido la responsable de una transición. Por ejemplo, colocar una ficha en un determinado lugar puede ser la causa inmediata de ganar la partida, pero tiene poca utilidad suponer que únicamente esa acción es la responsable de vencer en el juego. Es más apropiado decir que la causa es la sucesión completa de acciones desde el comienzo de la partida.

Para poder utilizar este tipo de reglas, las acciones se podrán organizar en una estructura jerárquica. Así, una sucesión de acciones interesante formará una acción de nivel superior, y esta acción podrá formar parte de una regla.

Sin embargo, normalmente esto no explica la mayoría de las situaciones. Una partida no se gana por realizar una determinada serie de acciones, sino más bien por una estrategia, por un conocimiento del juego en general, por un conocimiento de "experto" obtenido a través de múltiples experiencias.

A este nivel de análisis, la causa de haber ganado es el haber realizado una serie de acciones (tomar una decisión es realizar una acción), que aunque no actúan sobre el entorno o problema a resolver, manejan símbolos referentes a él y manipulan o indican cómo manipular la información adquirida, determinando cuál será la sucesión de acciones a realizar sobre el juego. Es decir, no sólo se trabaja con acciones que actúan directamente sobre el problema, sino también con acciones de nivel superior que actúan sobre los procesos (cognitivos) que determinan las acciones.

Ejemplos de acciones que no actúan directamente sobre el problema son:

- Leer el estado del tablero.
- Buscar en la memoria un estado similar al actual.
- Buscar una regla en cuya parte derecha se encuentre un determinado estado.

Una vez que nuestro agente principal es capaz de jugar sin infringir las reglas, pero aún no sabe cómo ganar, puede crear uno (o varios) agentes idénticos a él (o ligeramente modificados) dentro de su memoria, y representar partidas en una "simulación interna", durante cierto tiempo, antes de decidirse a mover una ficha en la "simulación externa" contra la que le hemos enfrentado. En la "simulación interna" es posible representar la misma situación que se produce en la "simulación externa", o cualquier otra situación que se considere interesante.

Por ejemplo, se pueden generar 200 agentes, que jugarán por parejas. Al principio, cada agente jugará basándose únicamente en una regla que ha sido generada al azar, del tipo "Si observo tal situación, realizo tal acción", y que el agente aplica cuando es posible. En caso de no poder ser aplicada ninguna regla, el agente realiza acciones completamente al azar.

Después de las partidas, se pueden seleccionar los agentes ganadores y crear nuevos agentes que posean esta vez dos de las reglas que resultaron útiles en la partida anterior, añadiendo además nuevas reglas al azar. El ciclo se puede repetir indefinidamente. Con un proceso de este tipo, los agentes poseerán cada vez mayor conocimiento, hasta lograr una entidad con un conjunto de reglas óptimo para el problema descrito.

Podría existir uno (o varios) agentes de nivel superior con el objetivo de realizar la selección de otros agentes. Esta entidad también trabajará con un conjunto de acciones posibles, objetivos, etc. Y siempre que exista un agente, podrá existir otro agente de nivel superior que controle al anterior, modificando los parámetros que son constantes para el agente inferior.

Pensando en el programa como en un conjunto de agentes o entidades, una acción puede consistir en:

- Crear nuevas entidades.
- Eliminarlas.
- Modificarlas.

Las entidades pueden combinarse y crear nuevas entidades con características de sus progenitores (análogo a la reproducción sexual), pudiendo producirse modificaciones al azar (equivalente a mutaciones genéticas). También es posible simular una selección darwiniana haciendo desaparecer aquellas que no consiguen sus objetivos o asignándoles un tiempo de ejecución menor.

Aunque en cada instante sólo se pueda ejecutar una acción básica, las acciones de nivel superior se pueden solapar en el tiempo. La toma de una decisión cuya influencia se manifiesta en el desarrollo de otras acciones puede entenderse también como una acción. Por ejemplo, el hecho de decidir utilizar, bajo ciertas condiciones, únicamente un subconjunto del conjunto total de reglas posibles, puede considerarse una acción (de nivel superior). Esta acción se solapará con las acciones básicas que se ejecuten en cada momento. Este ejemplo además ilustra como permitir una cierta jerarquía dentro de las reglas, ya que es posible incluir esta acción, que hace referencia a las reglas, dentro de otra regla.

Jerarquías de conceptos

El número de variables que forman un estado normalmente será muy grande, y muchas veces ocurrirá que varios estados distintos se comporten como uno sólo. Esta última situación se observa en el caso del tres-en-raya, por ejemplo, en la simetría que posee el tablero. Por estas razones puede ser interesante representar algunas combinaciones de valores de variables como un único valor para una variable de nivel superior.

Así, dispondremos de un mecanismo que nos permitirá algo parecido a crear conceptos. Por ejemplo, se podría crear el concepto de "dos fichas en línea", que será una nueva variable, que adoptará el valor verdadero en el caso de que se produzca esta situación. Aquí es posible aplicar la *Lógica Difusa*. Existen conceptos de naturaleza continua, que se definen mediante la referencia a una propiedad y el grado en que se manifiesta dicha propiedad. Por ejemplo, nosotros podemos decir que el cielo es azul. Sin embargo, no existe una frontera numérica que marque la diferencia entre un cielo azul y un cielo blanco en función del número de puntos de luz de cada color. Ambos conceptos pueden ser ciertos simultáneamente en cierta medida. Así, podríamos expresar: el cielo posee un tono azulado en un 70%. Por otra parte no siempre se dará un grado de confianza "total" a la información manejada. Es posible que un concepto se cumpla en un cierto grado y que a esta información se le asigne una cierta confianza, y de esta forma, podríamos decir: el cielo posee un tono azulado en un 70% y esta información posee una probabilidad del 90% de ser cierta. Estos aspectos deberán ser incluidos en cada variable.

¿Cómo reconocer qué conceptos son importantes? Se ha de intentar que no sea necesario que cada agente deba recordar todos los estados por los que ha pasado. Cuando un agente llegue a su límite de almacenamiento, deberá seleccionar algunos recuerdos para que sean borrados. Para ello, intentaremos relacionar los estados con el objetivo, de manera que se tengan más en cuenta aquellos que más influyen en él, ya sea favoreciendo o perjudicando su consecución.

La creación de nuevas variables de nivel superior también hace que las necesidades de espacio a la hora de almacenar una regla sean menores. Con un número suficiente de reglas describiendo el comportamiento del entorno, y conociendo el estado actual y el estado al que se desea llegar, se puede buscar la sucesión de acciones que nos llevan de un estado a otro, hasta la meta.

La creación de variables superiores no ha de estar limitada a un solo instante de tiempo, a una sola lectura del entorno. En realidad, el tiempo se puede considerar como una variable más, y crear así conceptos que describan un comportamiento complejo que posea continuidad.

2. Ciencia-ficción

La ciencia-ficción, la vida artificial, y la inteligencia artificial tienen algo en común: buscan respuestas a las grandes preguntas que siempre han planteado los filósofos utilizando analogías entre los elementos "reales" que se pretenden analizar (el Universo, la vida y la inteligencia) y otros ficticios, simulados o imaginados.

Hemos visto que para los agentes software el concepto de realidad es totalmente subjetivo. De hecho, un agente puede contener otros dentro de sí. Exactamente lo mismo podría ocurrir en nuestra mente. Todo esto hace que el concepto de lo que es real se difumine hasta ponerse en duda, sugiriendo que todo lo que imaginamos posee una existencia tan auténtica como la de todo lo que nos rodea, aunque tal vez no para nosotros. Es decir, probablemente exista una jerarquía de agentes y nosotros seamos uno de ellos, pero ¿Cuál? Veámoslo de otra forma ¿Cuál es la naturaleza de nuestro entorno, nuestro universo? Existen muchas explicaciones al origen de todo lo conocido. A continuación se propone una más.

Génesis contradictorio de una cosmología discreta

- Veamos cuáles han sido sus conclusiones.

El agente había trabajado afanosamente. Por fin, generaba los resultados en los neurovisores de su equipo de desarrollo (incluidos los jefes). Gracias a aquellos omnipresentes artilugios, se podían escuchar directamente las palabras del ordenador en el cerebro humano. En realidad tampoco se trataba de escuchar. Las ideas surgían directamente, sin imágenes ni palabras, pero surgían, y de alguna forma había que llamarlo.

Cuentan que en una conferencia el ponente reiteraba reiteradamente:

```
-[...] porque dos negaciones equivalen a una afir-
mación, pero dos afirmaciones no equivalen a una
negación [...]
Ante lo que un espectador, con gesto suspicaz, res-
pondía en bajo tono:
-Sí, sí...
El caso es que al principio no existía nada, y de
pronto se hizo el bit.
```

-Oye, perdona, ¿esto va en serio? ¿De qué está hablando? ¿Qué rayos es eso de una conferencia?

-¡Ah!, ya sabes lo de mi agente literario, aquel proyecto que fracasó estrepitosamente y nos hizo perder las vacaciones en Saturno. Todavía quedaba una versión beta funcionando, y yo soy un sentimental con estas cosas. La activé, y el agente oficial se pasa las noches charlando con él. Llegó a convencerle de las ventajas de expresar los resultados en forma de historias, de parábolas. Más poético, ya sabes.

-Nunca cambiarás. Bien, dado el tipo de preguntas que hemos planteado, puede ser hasta una buena idea. Bueno, dejémosle continuar.

```
El caso es que no existía nada, esto es, dos nega-
ciones, esto es, una afirmación, tanto da.
No existe nada --> existe algo (english, engine de-
molish)
No existe nada --> existe nada (spanish, expand
this)
```

-Sí había bugs, sí -Ironizó-.
-Ufff.

```
El Universo material, el único existente (que por
aquel entonces era inexistente) seguía sin existir.
Pero en el Universo de los números (que tampoco
existía) tuvo una ocurrencia. El uno. Existe "un"
nada.
```

-¡Maldito agente literario! ¿Has entendido algo?

-Creo que trata de decir que si existe nada, entonces existe algo, que es la nada.

-¿Nada más?

```
-Reorganicen punteros, colas y listas, tenemos un
elemento.
```

```
-A la orden. ¿Identificativo, señor?
-No tiene. Consulten default.
-Default uno, señor. ¿Puedo actualizar?
-¿Control de calidad?
-¿Eh? ¡Oh! ¡Ah! Esto... uno es mayor que cero y me-
nor que 10^10. Se encuentra en el rango permitido,
pero... no es habitual... es el primero... es úni-
co... es... raro...
-Uhm... ¿Y? Asignen. Por curiosidad, ¿Contenido?
-No, nada
-¿Nada?
-Perdón, señor. Contenido: "Nada"
-¿"Nada"?
-Eso es.
-¡Eso!
-¡Es!
```

-¿Puedes depurar el código?
-Sí, por supuesto.

```
-¿Puedes depurar el código?
-Sí, por supuesto.
```

-¡Maldito idiota!
-Perdone, lo siento, lo siento mucho, perdónele. A ver... aquí viene... Si, esto es:

```
|                           t=0                          |
| ------------------------------------------------------ |
|                           t=1                          |
| ------------------------------------------------------ |
| *                                                      |
|                           t=2                          |
| *                                                      |
| c[1]={*}                                               |
| ------------------------------------------------------ |
| *                                                      |
| {*}                                                    |
```

```
                                    t=3
*
c[1]={*, {*}}
c[2]={*+{*}}
- - - - - - - - - - - - - - - - - - - - - - - - - - - - - - - -
*
{*, {*}}
{*+{*}}
```

Al principio no había nada. El lenguaje natural es algo confuso al expresar esta idea. Digamos más bien que "había nada". Tenemos nada, en cantidad de uno. Tenemos un nada. Por tanto, tenemos la unidad, tenemos un uno.

Sin duda es algo contradictorio que la nada sea algo, aunque ese algo sea nada. También es extraño que 1 sea un uno, ya que "un uno" es 1 1, y esto realmente no es un uno, sino dos unos, es decir, 2 1.

Este salto contradictorio nos permite pasar al siguiente: tenemos un dos y un uno, es decir, 1 2 1 1, o lo que es lo mismo 1 1 1 2 2 1

Bernard Werber describe esta secuencia en su libro Las hormigas[20] (o tal vez fuera en la segunda parte, El día de las hormigas[21]). Anteriormente, este algoritmo fue dado a conocer por John Conway en 1987[22]. Es una secuencia muy fácil de memorizar. Precisamente:

1
11
21
1211
111221
312211
13112221
1113213211
31131211131221
13211311123113112211
11131221133112132113212221
31131122212321121113122113121113211

---

[20] Werber, Bernard. 1993 Las hormigas Ed. Plaza & Janés.

[21] Werber, Bernard. 1994 El día de las hormigas Ed. Plaza & Janés.

[22] Pueden encontrarse referencias al tema buscando: Conway's Lost Cosmological Theorem.

1321132132111213122112311311222113111221131221
11131221131211131231121113112221121321132132211331222
113112211
31131122211311123113111213211231132132211211131221131
2111322212311322113212221
1321132132211331121321133112111312211213211312111322
1123113112221131112311332111213211322211312113211
1113122113121113222123211211131221232112311311222112
11131221131211131231121113112221121321132132211331222
1123113112221131112311332111213211322211312113211
1113122113121111322212321121111312111213111213211231132
12221
1113122113121113222123211211131221121311121321123113
13221121111312211312111223211231132132211231131112221131
11231133221121111312211312111132221112131221123113111231121
1123112111331121111312211213211321321112133221231132211
12221
3113112221131112311332111213122112311311222113111231121
2111312211213211312111322211231131122211311123113221211
11312211213211312111132221121321132213221331121321232221
12132113213221133112132123222112111312111213322112311311
11213211231232112311311222112111312211312111131231121123
21112132113222113121132113211
3113112221131112311332111213122112311311222113111231121
11131221121321131211132221112311311222113111231133211211
112132113121113222112132113213221133311213212322211121113122113121
1222113111231133221121113112221121321133112111312211213211321121112133
22112311311222113111231133221121312211231131112311211133111
21113122112132113121113222112132113213221123113112221131112
31132231121113112221121321133112132122112311311222113111
23113112221121321133112111312211213211321321112133221231132
211321222212221
1321132132211331121321231231121113112221121321133112111
32112311231232112311311222113111231133221121321132221131211
132211331122112231131122211211131221131112311332211211131
2211312111322212321121111312111213322112132113213221133112
1321132122311211131221131211132221232112111312111213111213211231132
1232221123113112221131112311332111213211232221121113122113111231131112311211133111
12131221123113112221132113112221121311121321131211132221121321132132212321121113122123211231131122211311123113322112111312211213211312111322211231131122211322111312211213211211322113312221

113112221121113311211131122211211131221131211132221112132
113213221133112132113311211131221222112111322132112311131
122212322211331222113112211
　　　111312211312111322212321121113121112131112132112311132
132211211131221232112111312211213111213122112132113213 22
112311311222113311213212322211211131221131211132221 23112
221221321132133221123113111222113311213212322211231131 1222
113111231133211112131221123113111231121123222112111312211
31211132221232112111312211322111312211213211312111322211
231131122111213122112311311221132211221121332211213211 32
132211331121321231231121113112221121321133112132112311232
112311311222112111312211311112311332211213211321223112111
311222112132113213221123123211231132132211231131122211 31
112311332211211131221131211132221232112111312212321123 11
311221132211231132211131221121321132132111213322123113 22
113212221
　　　311311222113111231133211121312211231131112311211133 11
211131221121321131211132221123113112211121312211231131 12
221121111331121113112221121111312211312111322211213211321 3
221232112111312111213322112311311222113111231133211112132
132112211131221131211132221121321132132212321121113121 11
213322112132113213221133112132123123112111311222112132 11
331121321122112133221123113112221131111231133211121312211
231131122211322311311222112111312211312111312311211232 211213211
321223112111311222112132113213221231121311221121321132 11
113122113121113222123211211131211121311121321123113321 3 22
112111312212321121113122112131112131221121321113213221123
113112221133112132123222112111312211312112213211231132 13
221121111312211312111322221121132211312111123113321121 12132
132112211131221131211132221121321132132212311121321123113113222
112132113213221133112132123222112311311222113111123113321
112131221123113111221112131221121321132132212221132221121 3211
322311311222112111312211312111312311211232211121321132132222
113121132211
　　　13211321322113311213212312311211131122211213211331121
321123123211231131122211211131221131111231133221121321132
122311211113112221121321132132221231232112311321322112311
311222113111231133221121111312211312111312221112131221 12311
311123112112322211213211321223211331121321231231121113121
113122122311311222113111123113322112111312211312111232211 12132
　　　

21312211231131112311211232221121113122113121113222123211
21113121112131112132112311321322112111312212321121113122
12221121123222112132113213221133112132123123112111311222
11213211321322113221321132132211231131122113311213212132
22112111312211312112213211231132132211211131221131211322
11332113221122112133221123113112221131112311332111213122
11231131112311211133112111312211213211312111322211231131
12211121312211231131122211211133112111311222112111312211
31211132221121321132132212321121113121112133221123113112
22113111221221113122112132113121113222112311311222113111
23113322112111331121113112221121113122113111231133221121
11312211312111322212321121113121112133221121321132132211
33112132123123112111311222112132113212231121113112221121
11312211312113221133221121113122113221321132132211231131
12221131111231131112132112211213223112111312211332211313111
221131221
    11131221131211132221232112111312111213111213211231132
13221121113122123211211131221121311121312211213211321322
11231131122113311213212322211211131221131211221321123111
32132211211131221131211132221121311121312211213211331211
32221121321132132211331121321232221123113112221131111311
32231121113111222112132113311213212211213332112111131221
31211132221232112111312111213111213211231131112311311221
12213211321322113311213212322211231131122211311112311322
11211131122211213211331121321122112133221123113112221131
11231133211112131221123113111231121111331121113122112312
32112311321322113221133211121321232221123113112221133223
11211131122211213211331121321122112133221123113112221131
11231133211121321132122311211131222112132113213221123122
32112311321322112311311222113111231133221121111312211312
11322212221121123222112132113213221133112132123123112111
31122211213211331121321231232112311311222112111312211131
11231133221121321132122311211131222112132113213221123122
32112311321322112311311222113111231133221121111312211312
11322212221121123222112132113213221133112132123123112111
21122311311222112111312211311112311333221121321132132211
11213212322211231232112311321322112311311222113311121321
32221123113111222113111231133221121113122113121112311211
32221121113122113121113222123211211131211121311121321123

11321322112111312211312112213211231132132211231131122211
31112211322212322211231131122211322111312211312111322211
21321132132211331121321133112111312212221121113221321123
113112221232221133122113112211
    31131122211311123113321112131221123113111231121113311
21113122112132113121113222112311311221112131221123113112
22112111331121113112221121113122113121113222112132113213
22123211211131211121332211231131122211311122122111312211
21321131211132221123113112221131111231133221121111331121 11
31122211211131221131112311332211211131221131211132221232
11211131211121332211213211321322113311213211322132112311
32132211211131221232112111312212221121112322112311311222
11311123113321112131221123113111231121113311211113122121
32113311213211321222122111312211312111322212321121113121
11213322112132113213221133112132113221321123113213221121
11312212321121113122222112111232221121321132132211331121
32123123112111311222112132113311213211231232112311311222
11211131221131112311332211213211321223112111311222112132
11321222113222122211211232222112311311222113111231133211 1
21312211231131112311211113311211113122112132113131211 1322211
23113112221133112132123222112111312211312112213211231132
11312211312111322112131221123113111231121113311211113112 1121
32132211331221122311311222112111312211311123113322112132
11321322113312221133211121311222113321132211221121332211
21113122113121113222123211211131211121311121332211211131221131
21113222123112221221321132132211231131122211331121321232
22112111312211312111322212321121113121112133221121311121
31221121321131211132221121321132132232321121113121112133
22112132113213221133112132123123112111311222112132113311
21321122112311331112131221121321131211132221231131122211
31112311211133112111312212132113121113222112132113213213
31112221221113122112132113121113222112132113213221331222
11332111213322112132113213221132231131122211311123113322

11211131221131211132221232112111312212321123113112211322
1123113221113122112132113213211121332212311322113212221
13211321322113311213212312311211131122211213211331121
32112312321123113112221121113122113111231133221121321132
12231121113112221121321132132211231232112311321322112311
31122211311123113322112111312211312111322111213122112311
31112311211232221121321132132211331221122311311222112111
31221131112311332211213211321322113311213212322211231232
11231132132211231131122211331121321232221123113112221131
11231133211121312211231131112311211232221121111312211312
31112311211232221121321132132211331221122311311222112111
31221131112311332211213211321322113311213212322211231232
1133112132123123112111311222112132113311213212312321123
11311222112111312212321121113122113121121321122311311222
31112311332111213122123113111231121123222112111312211311
21113222123211211131221132211131221121321131211132221123
11311221112131221123113112211322112211213322112111312211
31211132221232112111312111213111213211231132132211211131
22123211211131221121311121312211213211321322112311311222
11331121321232221121111312211312112213211231132132211211
31221131211322113321132211221121332211213211321322113311
21321231231121113112221121321133112132112312321123113112
22112111312211311123113322112132113213221133112132123222
11322132113213221133112132123222112311311222113111231132
23112111311222112132113311213211221121332211211131221131
21113222123112221221321132132211231131122211331121321232
22112111312211312111322212311322123123112111321322123122
11322212221121123222112311311222113111231133211121312211
23113111231121113311211131221121321131211132221123113112
21112131221123113112221121113311211131122212111131221131
21113222112132113213221232112111312111213322112311311222
11231111231133211121312211231131112311211232221121113311
21113112221121113122113111231133221121113122113121111322
11213122112311311123112112322211211131221131211113222123

11211131211121311121321123113213221121113122123211211131
22122211211232221121321132132211331121321231231121113112
22112132113311213211231232112311311222112111312211311123
11332211213211321322113312211223113112221121113122113111
23113322112111312211312111322212311322123123112112322211
21113122113121113222132213211321322113311213212322211123
11311222113111231133211121312211231131122111213122112132
11321222113222112132113223113112221121113122113121113123
11211232211121321132221131211321
    11131221131211132221232112111312111213111213211231132
13221121113122123211211131221121311121312211213211321322
11231131122211331121321232221121113122113121122132112311
32132211211131221131211132221121311121312211213211312111
32221121321132132211331121321232221123113112221131112311
32231121113112221121321133112132122112133221121113122211
31211132221231122212213211321322112311311222113311213212
32221121113122113121113222123211211131211121332211213111
21312211213211312111322211213211321322123211211131211121
33221121321132132211331121321231231121113112221121321133
11213211221121332211231131122211311123113321112131221123
11311222113223113112221121113122113111231133221121321132
12231121113112221121321132122113222122211211232221121111
31221131211132221232112111312111213111213211231132132211
21113122123211211131221121311121312211213211321322112311
31122111213122112311311222113111221131221221321132132211
33112132123123112111311222112132113311213211221121332211
23113112221131112311332111213122112311311222113223113112
22112111312211311123113332112132113212231121111311222112
32113212221132221222112111232221123113111231113321112121
11213122112311311123311211113122112132113121113222112311
22311311222111213122113111123311211113122112132113121113
11231131122111213122112311311222113311213212312311211311
22211312113211321322113311213212322211231131122211131112
31123113321112131221123113111231133221121321132122311211
11311222112321132132132211233211231131122211211131221131
32113213221121113122123211211131221121311121312211213211
33112132123222112111312211312111322212321121113121112133
22113221113122113121113222123211211131221121321132132211
32132211331121321132213211231132132211211131221232112111

31221222112112322211231131122211311123113321112132132112
21113122113121113222112132113213221232112111312111213322
11231131122211311123113321112132113221112131112132112311
31211132211121311222113321132211221121332112132113213322
11331121321231231121113112221121321133112132112312321123
11311222112111312211311123113322112132113212231121113112
22112132113213221123123211231132132211231131122113111123
11332112111312211312111322111213122112311311123112111232
22112132113213221133122112231131122112111312211311112311
33221121321132132211331121321232221123123211231132132211
23113112221133112132123222112311311222113111231133211121
31221123113111231121123222112111312211312111322212321121
11312211322111312211213211313121113222112311311221112131322
11231131122113221122112133221121321132132211331121321231
23112111312111312212231131122211311123113322112111312211
31211132211121312211231131112311211232221121321132132211
33112132123123112111311222112132113311213211221121332211
23123211231132132211231131122211331121321232221123113112
22113111231132231121111311222112132113311213211221121213322
11231131122211311123113321112131321123113111231121113311
21113122112132113121113222112311311221112131221123113112
21132211221121332211211131221131211113222123211211131211
21311121321123113213221121113122123211211131221121131121
31221121321132132211231131122211331121321232221121111213122
11312111322212311222122132113213221123113112221133112132
12322211231131122211311123113321112132113221112131112132
11221121332211231131122211311123113322113221113122113121
11322212321121113121112133221121321132132211331121321231
23112111311222112132113212231121111311222121111312211321
13221133221121111312211322132113213221123113112221131123
11311121321122112132231121111312211332211311122113221

etc.

La última secuencia llena más de una página y creo que con esto la broma es suficiente. Y no, no escribí a mano las cadenas, utilicé un programa de ordenador para ello. Posteriormente hice que estas secuencias se interpretaran de alguna forma, por ejemplo, como los distintos modos que tiene una hormiguita de cambiar de dirección en su trayectoria. La figura muestra los resultados de este aparente paseo aleatorio.

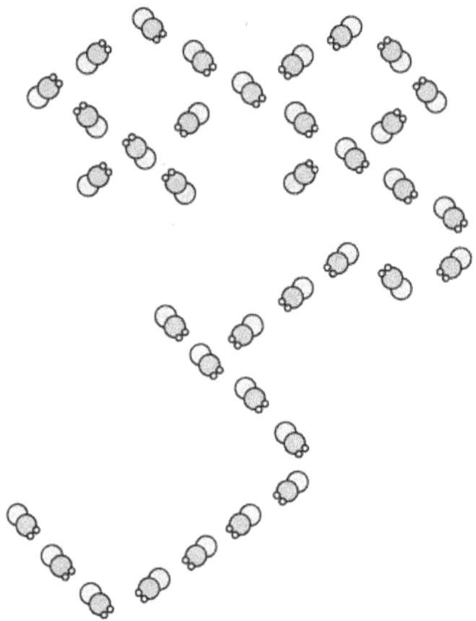

Figura 2.1. Un presunto paseo aleatorio de una hormiga virtual

Espero haber convencido al lector de tres cosas:

1. Hay secuencias que parecen aleatorias y no lo son.
2. Hay secuencias que parecen complejas y no lo son.
3. Es posible llenar varias páginas de un libro mediante 1, 2 y 3. Pero no hay quien se lo lea.

Podemos imaginar el Universo antes del *Big-Bang* comprimido en un sólo punto, sin dimensiones, sin tiempo ni espacio. Un único punto que no ofrece ningún tipo de información, más que su propia existencia. Como un solitario dígito binario, "1", simplemente, reconoce su propia entidad, y dice. Soy "1". Se observa a sí mismo, es consciente de su propio significado (la unidad), y lo aplica a sí mismo, diciendo: "soy un uno". Y por tanto es 1 1.

Aunque lo habitual es recorrer la secuencia desde las cadenas más cortas, generando las más largas, también podemos hacerlo en sentido opuesto. La cadena más larga que queramos, que aparentemente puede representar una gran complejidad, en última instancia nace de un simple 1. Y es la única cadena posible. De forma análoga, este Universo podría ser el único posible resultado de la gran explosión de la unicidad. O no.

La ciencia-ficción nos ayuda a entender nuestro mundo... a través de otros mundos posibles

A pesar de que la acción de la mayoría de los relatos de la ficción científica se sitúa en el futuro, no se puede definir ésta como una literatura de anticipación en el sentido estricto de predicción del porvenir. En ciencia-ficción, especular con lo que podría suceder si se dieran determinadas condiciones es, entre otras cosas, un modo privilegiado de analizar el presente a la luz de sus posibilidades implícitas. La finalidad básica de la ciencia-ficción es ampliar nuestra perspectiva, ofreciendo una visión más distanciada, más libre de prejuicios circunstanciales, en definitiva, más objetiva.

El distanciamiento de la realidad que se obtiene con la ciencia-ficción nada tiene que ver con una "evasión" de la realidad. Al igual que el pintor que se aleja del cuadro para lograr una visión de conjunto, y tal como en la literatura se recurre a la metáfora a la hora de expresar una idea, el alejamiento de la ciencia-ficción produce una disminución de los efectos anestésicos propios de la rutina. Gracias a esto, se consigue un análisis más lúcido y objetivo de la realidad.

La ciencia-ficción no es predicción: es especulación. Por lo general no pretende adivinar el futuro a partir de un presente conocido, sino especular con lo que podría suceder si se dieran determinadas condiciones. De hecho, hay muchos relatos de ciencia-ficción situados en el presente o en el pasado. El auténtico reto de la ciencia-ficción es situarse en la frontera entre lo creíble y lo increíble, en un difícil compromiso. Las ideas desarrolladas deben estar "alejadas" de la realidad al máximo, es decir, deben ser todo lo "fantásticas" o "extravagantes" que sea posible. Sin embargo, no pueden dejar de estar justificadas, deben ser el desarrollo coherente de unos supuestos[23].

---

[23] Estas ideas acerca del objetivo que debe perseguir la ciencia-ficción han sido tomadas de Carlo Frabetti que las desarrolla en las presentaciones de la "Segunda

La vida artificial nos ayuda a entender la vida... a través de otras vidas posibles

La simulación de vida por ordenador, conocida como Vida Artificial también nos ofrece una "visión privilegiada" de nuestra realidad. No hace falta que las simulaciones por ordenador sean todavía más complejas, para poder tener el derecho a preguntarnos acerca de si nuestro propio mundo no será también una "simulación dentro de un cosmo-ordenador". De hecho, esta pregunta se ha planteado, desde tiempos remotos, de infinidad de maneras.

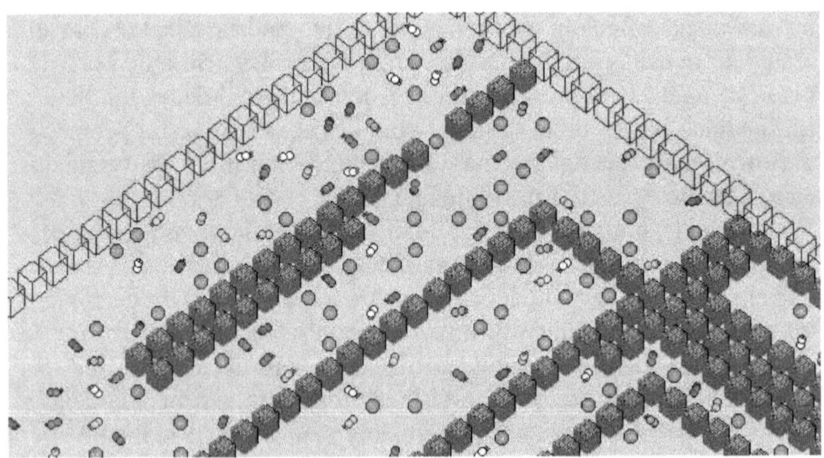

Figura 2.2. Un programa simulador de vida artificial

La idea de interpretar el mundo material (o real) como el sueño de un gigante no es en absoluto nueva y es muy similar a la interpretación -más actual, pero con el mismo fondo- de la realidad como una simulación en un superordenador, del Universo como una "superprobeta" en un superlaboratorio. Algunos ejemplos de esta visión se encuentran en el libro "Misterio en la Isla de Tökland", en la "Guía del Autoestopista Galáctico"; en los versos de "La vida es sueño" de

Selección" y "Quinta Selección" de antologías de ciencia-ficción de la editorial Bruguera.

Calderón de la Barca y en los autómatas de Fredkin[24]. Recientemente han surgido multitud de películas que juegan con el concepto de realidad: "Abre los ojos", "Matrix", "El show de Truman" y "La esfera".

"Misterio en la isla de Tökland" y "Guía del Autoestopista Galáctico" proponen una realidad creada por otro ser, e implícita o explícitamente, la posibilidad de series de niveles de realidad: un gigante que sueña un mundo, y en ese mundo otro gigante que sueña un mundo, etc. "El show de Truman" exagera la visión de una sociedad de consumidores que hartos de su propia vida, intenta llenarla con el conocimiento de otras, reales o ficticias; desde el punto de vista del protagonista, plantea el mismo tema que "La vida es sueño", "Abre los ojos", y "Matrix": la incapacidad de determinar qué es real. La esfera de "La esfera" proporciona al que ha entrado en ella la capacidad de que sus pensamientos se conviertan en realidad. La realidad es modificada (más bien, creada) con la imaginación. Pesadillas de todo tipo surgen de las atormentadas mentes de los humanos, incapaces de controlar sus deseos y pensamientos. En este caso, el distanciamiento de la realidad ofrece una visión a propósito exagerada de una paradoja actual: la libertad para viajar, para comprar; la enorme oferta cultural; en definitiva la siempre creciente diversidad de opciones que existe en las ciudades, y sin embargo, el escaso aprovechamiento, la indecisión, la saturación por información, la soledad y el hastío que todo esto puede producir.

La serie "Guía del Autoestopista Galáctico", de Douglas Adams, es una de las más divertidas y completas referencias de este tipo. En este caso, la Tierra es un super-ordenador compuesto, entre otras, por piezas vivas, como los animales y el hombre, y no sólo eso, sino que además el ordenador tiene la misión de descubrir el sentido de la vida... ¡y lo consigue!

Si los ordenadores son capaces de simular universos artificiales poblados por organismos que mediante la reproducción, las mutaciones y la selección natural, evolucionan y se hacen cada vez más inte-

---

[24] Breves muestras de las ideas de Fredkin
www.ufasta.edu.ar/ohcop/aufredkin.html

Alma denominada por Fredkin como "alma digital"
www.ufasta.edu.ar/ohcop/almafredkin.html

Edward Fredkin - Digital Philosophy
www.digitalphilosophy.org

ligentes y conscientes, podríamos interpretar nuestro propio mundo como un "superordenador" donde nosotros mismos somos los "seres artificiales" que lo habitan, siguiendo el curso de evolución que El Programador ha deseado.

En el caso de que existiera un creador y una intencionalidad, es decir, si El Programador que nos ha creado lo ha hecho con algún objetivo, no sería extraño que ese mismo programador hubiera implementado mecanismos para que sus "entidades" (nosotros) no escapen a su control. Por ejemplo, podría haber marcado límites a su movimiento (¿la velocidad de la luz? ¿la gravedad?) en su ordenador (nuestro universo) ...¿O tal vez el límite de 300.000 km/seg corresponde con la frecuencia de trabajo (Hz) del ordenador en el que vivimos?

Imaginemos que el universo es como la ejecución de un programa de ordenador[25]. Es decir, imaginemos que todo el universo es como una pantalla de ordenador, en la que existen puntos de luz que pueden estar apagados o encendidos. Llamémosles materia y vacío. Supongamos que distintas configuraciones espaciales de materia y vacío producen diferentes compuestos o elementos, con distintas propiedades, que a su vez se agrupan en otros y así sucesivamente. Imaginemos que nosotros mismos somos un conjunto de puntos de luz (o de materia) y que nos movemos por el espacio de la misma forma en que se mueve un gráfico por una pantalla de ordenador: aparecen algunos puntos y desaparecen otros, de forma que se obtiene la sensación de que el objeto completo se desplaza por la pantalla (universo).

Pensemos ahora en el programa de ordenador que gracias a un hardware gestiona estos "gráficos". Deberá existir una velocidad máxima a la que estos gráficos (nosotros) puedan desplazarse por la pantalla (universo). En nuestro universo sí existe esa velocidad: la velocidad de la luz.

Esta analogía se fundamenta en la suposición de un universo discreto. ¿Entre un instante y otro existen infinitos instantes? ¿Entre un punto y otro existen verdaderamente infinitos puntos? Realmente, es difícil creer que cuando movemos uno de nuestros dedos de una posi-

---

[25] No hago una analogía entre el Universo y un computador entendido como un montón de arena, hierro, oro y plástico, sino entre el Universo y un computador en acción, en marcha, haciendo aquello que se supone que hacen los ordenadores. Un computador apagado no es un computador, de igual forma que un cadáver no es un hombre.

ción a otra, éste pasa por un número infinito de posiciones intermedias, permaneciendo en cada una de ellas un tiempo infinitesimal. A mí me resulta más fácil creer que la materia, para moverse, aparece y desaparece repetidamente, permaneciendo en cada posición un pequeño tiempo determinado, y transladándose cada vez una cierta distancia también discreta, no infinitesimal. No se trata sólo de no ser capaces de dividir la materia indefinidamente (si pidiéramos estar indefinidamente haciéndolo), sino de que esa unidad mínima de materia sólo pueda encontrarse en posiciones discretas e inmutable durante unidades mínimas de tiempo.

El filósofo griego Zenón debía pensar lo mismo cuando desarrollo sus paradojas (o aporías), en torno al movimiento, como la de Aquiles que nunca alcanza a la tortuga o la de la flecha. Zenón negó la posibilidad del movimiento de una flecha en vuelo, ya que en cada instante la flecha aparece "congelada". Efectivamente, si la flecha tuviera que recorrer un número infinito de posiciones intermedias, la flecha nunca podría moverse. "Sí puede", -dice entonces el matemático-. "Una flecha puede recorrer infinitas posiciones intermedias, con la condición de que únicamente se detenga un tiempo infinitesimal en cada una de las posiciones". Cierto, pero ¿son el infinito y el infinitesimal conceptos reales de nuestro universo, o tan solo abstracciones que describen otros posibles universos que nuestro limitado razonamiento confunde con el nuestro?

Pudiera parecer que nuestra física no requiere de estos infinitos e infinitesimales, pero no es así. Suponer un universo discreto en posición y tiempo conlleva algunos problemas desde nuestra lógica. Uno de ellos es el de cuál es la forma y la distribución espacial de estas unidades mínimas de posición. Si existiera una organización en forma de rejilla ¿no debería ser beneficiado el movimiento en diagonal (o penalizado en el caso de permitir 4 direcciones en vez de 8, en una simplificación en 2D)? ¿Existirá alguna organización en tres o N dimensiones donde la media de la distancia recorrida en el movimiento rectilíneo a través de un mismo número de unidades mínimas de espacio sea similar, para distancias relativamente grandes, independientemente de la dirección elegida? ¿Tal vez un desorden aleatorio de colocación de estas unidades mínimas de espacio y sus interconexiones? Tal vez el enfoque sea incorrecto, y no sea necesario seguir ninguna regla, ya que si estamos diseñando el espacio ¿por qué basarnos en él?

Partiendo de la hipótesis del universo discreto, se puede llegar a obtener la relación entre la unidad mínima de longitud y la unidad mínima de tiempo (hay quien lo llama *tick*), para esta interpretación del universo.

Veámoslo con un ejemplo. Supongamos que queremos representar en un ordenador el movimiento de un punto en forma de tiro parabólico. Para ello, podríamos programar una serie de acciones como la siguiente:

1. Dar valores a los parámetros que definen el movimiento.
2. Calcular el primer punto a dibujar.
3. Mostrar dicho punto en pantalla.
4. Calcular el próximo punto a dibujar.
5. Borrar de la pantalla el anterior punto y mostrar el nuevo.
6. Volver al paso 4 y así sucesivamente.

Las pantallas de ordenador están formadas por puntos luminosos muy pequeños, pero no infinitamente pequeños.

Las secuencias de órdenes de borrar y dibujar puntos no se pueden ejecutar a una velocidad infinita. Cuando se decide presentar un punto en pantalla, existirá un tiempo mínimo durante el cual el punto deberá aparecer en la pantalla, que es el intervalo entre dos ordenes de este tipo ejecutadas a la máxima velocidad.

Esta pantalla es ahora un sistema que posee una unidad mínima de espacio y de tiempo.

El movimiento más rápido que se podrá representar es aquel en el que la pantalla genere posiciones para ese punto a su máxima frecuencia, incapaz de trabajar más rápido. Esta velocidad marcará el límite representable. Las velocidades mayores que esa no se podrán representar en la pantalla, siempre que mantengamos la norma de que un punto que vaya de A a B, ha de recorrer todas las posiciones intermedias que componen el recorrido que lleva de A a B.

Podemos llegar a calcular aproximadamente dicha velocidad. Supongamos que ya la hemos calculado y le llamamos c.

Un punto que se mueva a la velocidad c recorre un punto en el mínimo tiempo posible. Dicho tiempo será la unidad mínima de tiempo (o tick) del sistema (umt). Es imposible que suceda algo (se muestre un punto) durante un tiempo menor que umt. Por otra parte, el punto constituye la unidad mínima de longitud en el sistema (uml).

Resulta que la velocidad máxima representable es:

$$c = \frac{uml}{umt}$$

Supongamos que:

$$c = 300.000 \, \frac{Km}{seg}$$

Entonces, tenemos

$$300.000 \, \frac{Km}{seg} = \frac{uml}{umt}$$

Con lo que, sabiendo la unidad mínima de longitud, en Kilómetros, podríamos obtener la unidad mínima de tiempo, en segundos.

$$umt = \frac{uml}{300.000 \, Km} \, seg$$

Hasta ahora se ha hablado de puntos (materia) como los objetos que se desplazan por la pantalla, y de posiciones (espacio) como cada uno de los posibles lugares en los que puede encontrarse un punto.

En la analogía, los puntos pueden ser materia, energía, etc. La pantalla es el espacio de 3 dimensiones (o más) o el espacio-tiempo de n dimensiones. Puede ser posible que dos puntos ocupen la misma posición, y se podrían asignar propiedades a las posiciones en función de su contenido u otros criterios.

Pensemos ahora en un punto (materia) desplazándose por la pantalla (espacio).

Existe un pequeño tiempo que se pierde desde el momento en que el programa borra un punto hasta que lo vuelve a dibujar. Y ahora pongámonos en el lugar del punto. Desde que nos borran hasta que nos vuelven a dibujar ¡No existimos! Pero esto a los puntos no les importa realmente, ya que durante ese tiempo, ya que no existen, no son capaces de percibir su no-existencia.

Con un sistema así, un movimiento lento supondría un menor número de acciones de dibujar y borrar que un movimiento rápido. Como consecuencia de esto, un punto que se mueva lentamente se encontrará representado de forma visible en la pantalla un tiempo mayor que otro que se translade más rápidamente. Por ejemplo, puede que un punto rápido haya sido borrado y dibujado tres veces mientras que un punto lento aún no se ha movido de su sitio, y por tanto ha permanecido todo el tiempo en la pantalla.

Ahora, aunque parezca difícil, hagamos el esfuerzo de imaginarnos que somos uno de esos puntos y nos encontramos desplazándonos por el espacio. Podemos suponer que los puntos envejecen únicamente durante el tiempo en que se encuentran dibujados en la pantalla -el resto del tiempo, no existen-, de forma que si dos puntos parten de la misma posición y se mueven a velocidades diferentes, retornando al lugar de partida, se pueden encontrar con la siguiente situación:

```
- Punto lento: ¡Caramba, que joven te veo! ¿Cómo
has hecho para mantenerte así, si fuimos creados a
la vez?

- Punto rápido: ...ya sabes, viajo mucho...
```

Una forma de superar la barrera de la velocidad máxima a la que se puede mover un punto es precisamente modificando la regla que define cómo se debe representar, es decir, haciendo que sea posible moverse por la pantalla sin tener que representar el punto en cada una de las posiciones intermedias por las que pasa, sino por ejemplo, solamente una de cada dos, o incluso únicamente la posición origen y la posición destino.

Superando las barreras

Siguiendo con la analogía, las limitaciones que el programador fija para controlar a sus entidades pueden no ser suficientes. Algunos programadores de Vida Artificial quedan a menudo gratamente sorprendidos por el inesperado comportamiento de sus pequeñas creaciones, más inteligentes y capaces de lo que cabría esperar en un primer momento.

Además, los "bugs" (errores) en programación son probablemente una constante en todos los universos, dimensiones y realidades posibles ;-) así que tal vez el "programador" haya dejado algún hueco por donde podamos colarnos...

...es decir, que es posible que en nuestro mundo existan acciones, comportamientos, o razonamientos con efectos maravillosos, que están ahí, accesibles, pero que aún nadie ha realizado, ya sea por ignorancia, mala suerte, o porque provocan la muerte a quien llega a adquirirlos[26].

La inteligencia artificial nos describe nuestra inteligencia... y otras posibles

Pensemos en algunos intentos de la Inteligencia Artificial de obtener programas de comportamiento aparentemente impredecible, sistemas tan complejos que no tengan una explicación con palabras, mucho menos con algoritmos, para los cuales su mejor definición sean ellos mismos. ¿Por qué hacemos eso? ¿Que buscamos en esos programas raros? ¿Estamos esperando que emerja la inteligencia a partir de la complejidad o de la interconexión masiva? ¿Podrá la complejidad producir la conciencia? ¿O sólo tratamos de averiguar si nosotros mismos somos máquinas?

Si somos seres artificiales en un ordenador ¿Existirá alguna forma de modificar las leyes que rigen nuestro propio universo? ¿Podremos cambiar las *librerías* de nuestro *sistema operativo*? Tal vez si fuéramos capaces de hacer algo tan distinto, de realizar una serie de acciones tan... ¿compleja?... de forma que obtengamos conocimiento que de otra forma hubiera sido imposible obtener, ¿conocimiento que nos esté "prohibido"? Tal vez nuestras mentes conscientes sean capaces de hacer algo imposible para una máquina, pero tal vez sea al revés, por ejemplo, que ciertos sucesos sólo puedan ser detectados por un algoritmo no consciente. Análogamente, la "segunda fundación" de Asimov evitaba el lenguaje porque utilizarlo suponía una limitación.

Tal vez la forma de llegar a este conocimiento sea algo mucho más sencillo pero no evidente. ¿Se podrá llegar a él mediante la meditación, la contemplación o con algo así como la fe? La paradoja de la

---

[26] Un ejemplo de esto último se encuentra en "Creced y Multiplicaos", de Isaac Asimov.

omnipotencia de Dios o el diablo sugiere que tal vez las pequeñas criaturas sí tengamos una auténtica capacidad de control de nuestra propia existencia, como en "La luna quieta" de Javier Negrete, donde el protagonista salva su vida negando su falta de existencia y manteniendo su deseo de vivir. ¿Tal vez el escepticismo científico es precisamente nuestra limitación? ¿Existen sucesos que sólo ocurren cuando se cree por anticipado en ellos? ¿Existirá conocimiento cierto que solo se puede adquirir si se presupone?

El poder de la lógica... ¿o su debilidad?

¿Son realmente las paradojas excepciones a la regla? ¿Por qué a veces expresan tan correctamente cosas que todo el mundo entiende, y en otros casos se dice que sólo parecen profundas porque no tienen sentido? Veamos algunos ejemplos:

"La vida es corta porque uno se da cuenta tarde."[27]
"Esta frase es mentira."
"Esta frase no verbo."[28]
"El barbero afeita a todos los que no se afeitan así mismos". ¿Quién afeita al barbero?
"Definamos dos tipos de conjuntos, los recursivos y los no-recursivos. Los recursivos se contienen a sí mismos, es decir, un elemento del conjunto es el propio conjunto. Un conjunto de sillas es no-recursivo. El conjunto de todos los conjuntos posibles es recursivo. Vamos a crear ahora un conjunto cuyos elementos serán todos los conjuntos no-recursivos". ¿De qué tipo es este conjunto?
"La espontaneidad no se improvisa."[29]
"No hay que ser dogmáticos. Nunca."[30]
"Que la ética no te impida hacer lo que está bien."

Más juegos de palabras:

---

[27] F. Tejedor.

[28] Douglas Hofstadter (¿o David Langford?) en "Guía del Dragonstopista galáctico al campo de batalla estelar de Covenant en el límite de Dune: odisea dos". Ultramar editores, 1989.

[29] Enrique Vargas.

[30] Esta es mía, al menos no la he leído antes, se lo aseguro dogmáticamente.

"No soy consciente de nada de lo que me ocurre."
"Soy tan inteligente que no me puedo engañar a mí mismo."
"Soy tan inteligente que me puedo engañar a mí mismo."
"Soy tan tonto que me puedo engañar a mí mismo."
"Soy tan tonto que no me puedo engañar a mí mismo."
"...y ya que así me miráis, miradme al menos."

Igualmente sugerentes son las interferencias entre niveles de significación. Por ejemplo, hay un caso[31] en el que $\sim\sim A$ es distinto a A:

A = "Esta frase tiene seis palabras"

A es falso, luego $\sim A$ debería ser cierto, pero al negar A tenemos

$\sim A$ = "Esta frase no tiene seis palabras"

y sin embargo $\sim A$ no es cierto.

La más hermosa paradoja que conozco es un clásico oriental, expresado por diversos autores de diferentes formas, y en el ejemplo que he elegido, por Bernard Werber en "El día de las hormigas"[32].

> Había una vez dos monjes que paseaban por el jardín de un monasterio taoísta. De pronto uno de los dos vio en el suelo un caracol que se cruzaba en su camino. Su compañero estaba a punto de aplastarlo sin darse cuenta cuando le contuvo a tiempo. Agachándose, recogió al animal. "Mira, hemos estado a punto de matar este caracol, y este animal representa una vida y, a través de ella, un destino que debe proseguir. Este caracol debe sobrevivir y continuar sus ciclos de reencarnación." Y delicadamente volvió a dejar el caracol entre la hierba. "¡Inconsciente!", exclamó furioso el otro monje. Salvando a este estúpido caracol pones en peligro todas las lechugas que nuestro jardinero cultiva con tanto cuidado. Por salvar no sé qué vida destruyes el trabajo de uno de nuestros hermanos.

---

[31] $\sim\sim A$ significa: "Doble negación de la proposición A". Este ejemplo de la frase de seis palabras es propio; tal vez sea original, no como en el caso anterior.

[32] Ed Plaza y Janes, 1994.

Los dos discutieron entonces bajo la mirada curiosa de otro monje que por allí pasaba. Como no llegaban a ponerse de acuerdo, el primer monje propuso: "Vamos a contarle este caso al gran sacerdote, el será lo bastante sabio para decidir quien de nosotros dos tiene la razón." Se dirigieron entonces al gran sacerdote, seguidos siempre por el tercer monje, a quien había intrigado el caso. El primer monje contó que había salvado un caracol y por tanto había preservado una vida sagrada, que contenía miles de otras existencias futuras o pasadas. El gran sacerdote lo escuchó, movió la cabeza, y luego dijo: "Has hecho lo que convenía hacer. Has hecho bien." El segundo monje dio un brinco. "¿Cómo? ¿Salvar a un caracol devorador de ensaladas y devastador de verduras es bueno? Al contrario, había que aplastar al caracol y proteger así ese huerto gracias al cual tenemos todos los días buenas cosas para comer." El gran sacerdote escuchó, movió la cabeza y dijo "Es verdad. Es lo que convendría haber hecho. Tienes razón." El tercer monje, que había permanecido en silencio hasta entonces, se adelantó. "¡Pero si sus puntos de vista son diametralmente opuestos! ¿Cómo pueden tener razón los dos?" El gran sacerdote miró largamente al tercer interlocutor. Reflexionó, movió la cabeza y dijo: "Es verdad. También tú tienes razón."

Caminos paradójicos para la resolución de problemas

¿Somos los seres vivos = genes + ambiente, o hay algo más? *"El entorno nos inunda de información, nuestros genes nos dan ciertos impulsos, pero no siempre actuamos según esa información, no siempre obedecemos nuestros impulsos innatos. Damos saltos. Sabemos lo que no puede saberse y luego nos pasamos la vida tratando de justificar ese conocimiento. Sé que lo que intento hacer es posible"*, en Hijos de La mente, de Orson Scott Card (Saga de Ender)

En *Las nueve Revelaciones*, en el capítulo "Una cuestión de Energía", James Redfield sugiere que *"existe otra serie de fenómenos observables, más sutiles, que no se pueden estudiar, o de hecho ni siquiera se puede decir que existan, si el investigador no prescinde de su escepticismo o no lo deja entre paréntesis y prueba cualquier via posible para percibirlos"*.

Podrían existir problemas en los cuales la simple búsqueda de la solución invalide ésta. Problemas que no se resuelven si se pretende resolverlos. En cambio, tal vez se resuelvan por sí mismos ante la inacción, su rechazo, o indirectamente. Esto ocurre por ejemplo, cuando la propia observación, estudio o dedicación al fenómeno invalida los resultados. ¿Existe realmente este tipo de problemas? Por supuesto.

¿Acaso no ocurre que es más fácil comenzar una relación de amistad cuando uno se muestra poco interesado en ello? Una forma bien sencilla de conseguir mostrarse poco interesado es precisamente estar realmente poco interesado. *"La naturaleza humana es de tal condición que da su simpatía con mayor facilidad precisamente a quienes con menor ahínco la demandan"[33]*. También es conocido que quien intente parecer elegante o sofisticado nunca lo conseguirá.

Otro ejemplo de este tipo de problemas es el siguiente: tratar de encontrar la distribución optima de tiempo de descanso en relación con el tiempo de trabajo de forma que se obtenga el máximo resultado en el trabajo invirtiendo el mínimo tiempo en descansar. Si uno se atosiga a sí mismo experimentando y controlando distintas posibilidades, probablemente no descansará lo suficiente o necesite un tiempo excesivo, dada la carga extra que supone estudiarse a sí mismo durante el descanso. En cambio, si cuando nos sentimos agotados, simplemente paramos un rato a descansar hasta que llegue por si solo el aburrimiento, es muy probable que hayamos dado con la solución óptima al problema. Muy similar a este ejemplo es el hipotético problema de conseguir respirar en ciclos cuya duración sea la más espontánea posible. En este caso, fijar la atención en el problema sólo podría apartarnos de la solución. Como cuando algo nos deslumbra, conduciendo por una carretera: la mejor forma de ver bien aquello en lo que queremos fijar la atención es precisamente no mirarlo directamente.

Podría parecer éste un planteamiento absurdo: si no hay que fijar la atención, no se fija. Si no hay que hacer nada, es sencillo: no se hace nada. Pero hay multitud de casos en los que la espontaneidad es un beneficio muy difícil de conseguir. Por ejemplo, cuando nos están fotografiando, o en una entrevista de trabajo. En el mundo de los negocios ocurre algo similar y paradójico: a la hora de comprar o vender es mucho más fácil obtener precios ventajosos cuando en realidad no nos importa demasiado el artículo que compramos ("de todas formas no nos hacía falta"), o el dinero que recibimos por venderlo ("en realidad no estamos muy seguros de querer venderlo"). La paradoja

---

[33] Erich Fromm.

está en que, en estas situaciones (cuando tenemos poco interés en comprar o en vender), aunque gracias a esa actitud, obtengamos facilidades para "objetivamente" estar realizando una transacción en condiciones favorables (a un precio más barato o más caro respectivamente), si "subjetivamente" no queríamos comprar o vender ¿por qué hacerlo?

Una paradoja similar es el que se da en el *dilema del prisionero* a una sola partida, jugado por dos jugadores racionales. Se entiende por jugadores racionales aquellos jugadores inteligentes que entienden perfectamente el juego, suponen al otro jugador también racional, y deciden la acción más ventajosa para ellos mismos con estos supuestos. Con jugadores así se obtienen peores resultados para ambos jugadores, que en el mismo juego jugado por dos jugadores simultáneamente irracionales (no racionales) y que irracionalmente eligen ambos precisamente la opción contraria a la que deberían elegir si fueran racionales. La pareja que actúe irracionalmente obtendrá mayores beneficios que la pareja racional. El máximo beneficio sólo se puede obtener siendo irracional.

También podría existir "conocimiento evolutivamente prohibido". El hecho de que los individuos que participan en la evolución tengan conciencia del fenómeno de la evolución que opera sobre ellos mismos, afecta sin duda a la propia evolución ¿Tal vez la puede llegar a anular? Por una parte el "conocimiento evolutivamente prohibido" puede ser algo que al ser conocido, limite la capacidad reproductiva del individuo que lo conoce, como los métodos anticonceptivos. Pero no tenemos por qué referirnos siempre a evolución de seres vivos como animales o plantas. También podrían ser ideas (memes de Dawkins) que por su propia naturaleza, a pesar de ser ciertas, no son capaces de reproducirse. Por ejemplo, un método perfecto y sencillo para no perder nunca jugando al mus[34] tiene pocas probabilidades de reproducirse en gran medida. Inicialmente el conocimiento se expandiría entre los aficionados, pero cuando fuera conocido por muchos, el juego ya no tendría ningún interés y desaparecería.

Cuando jugamos al mus, podemos informar de nuestras propias cartas a nuestro compañero, pero hemos de tener cuidado en hacerlo

---

[34] Juego de cartas y apuestas, parecido al póquer, pero mucho más divertido. ¿Nunca ha jugado al mus? Yo soy campeón mundial, gané el vigésimo torneo de Londres. Ya me lo dijo mi abuelo manu. ¿Estuviste en Londres y sólo ganaste un campeonato? ¡Y cinco más! ¡Órdago!

mediante señas, ocultas al resto de los jugadores. ¿Está alguien jugando al mus con nosotros? ¿Tendrán esta naturaleza los problemas "irresolubles" de la ciencia?

Sistemas de referencia últimos

El método inductivo y la fe cristiana (por ejemplo) tienen en común que son sistemas de referencia que no se pueden deducir de otros.

En mi opinión la inducción podemos interpretarla como un caso particular de un concepto aun más simple y poderoso para el que no encuentro una denominación adecuada, tal vez se podría llamar el principio de la homogeneidad, de la redundancia o de la compresibilidad, según el cual cualquier cosa o suceso existente debe tener alguna uniformidad. Esta cierta uniformidad es la que, si dicho objeto fuese interpretado únicamente como información, permitiría comprimirlo sin perder por ello sus propiedades. Es decir, que todo objeto o suceso debe ser en algún aspecto redundante, estable, (o ser recurrente, o compresible, o poseer una inercia) de forma que dicha estabilidad permita que el objeto sea identificado como tal. No se trata de que un observador identifique el objeto para que éste adquiera existencia -aunque podría ser necesario-, sino de que no parece que tenga sentido reconocer la existencia de un supuesto objeto sobre el cual ningún observador será nunca capaz de realizar una observación, y con el que es imposible interactuar, ya que no existe ningún aspecto uniforme relativo a ese objeto que pueda hacer que el objeto pueda ser reconocido como tal, es decir, pueda tener entidad propia, como contraposición a observar caos o a interactuar con otra cosa, pero no con ese objeto[35].

Las religiones, los sistemas filosóficos, el método científico y los sistemas éticos pueden ser explicados, pero no demostrados. Si se quiere, puede afirmarse que estos sistemas son la consecuencia de la

---

[35] Intentaré explicarlo con un ejemplo. Existen algoritmos capaces de tomar una imagen de un árbol en un formato llamado mapa de bits, y comprimirla en un archivo informático de menor tamaño, sin perder por ello calidad, gracias a que los programas compresores encuentran regularidades en las imágenes. Pero al comprimir la imagen perdemos el árbol. No hay forma de ver el árbol sin descomprimir la imagen. Al perder regularidad, el objeto ha perdido la entidad de árbol -aunque se trata de algo reversible en este caso-.

aplicación de unos principios, pero estos principios no pueden ser demostrados por otros.

El lenguaje matemático nos ofrece un paralelismo muy apropiado. La tarea del matemático puro consiste en deducir teoremas a partir de hipótesis postuladas o axiomas, sin tener en cuenta la cuestión de si los axiomas que se aceptan son verdaderos o no. La validez de una deducción matemática no depende del significado que pueda estar asociado a los términos contenidos en los postulados, sino en la estructura de sus afirmaciones. Pero existe la imposibilidad de demostrar ciertos axiomas[36]. Además ¿Cómo vamos a demostrar un axioma si no es con otro axioma?

Estos sistemas de referencia no tienen un carácter de incompatibles. El hecho de ser indemostrables les otorga una gran flexibilidad, obteniendo variantes y combinaciones con facilidad. Es posible ser creyente y científico. Es posible creer en un código ético y aplicar otro. Es posible aplicar incesablemente la inducción, y sin embargo, desconfiar de ella. ¿Será posible poner a prueba modelos de referencia utilizando universos en miniatura? ¿Se podría construir un modelo informático de un sistema de referencia que cambie su propio pasado, eliminando la limitación de la irreversibilidad biológica de los sentimientos y que no sea demasiado incompatible con las teorías actuales de la física?

Comprometiendo la analogía

Mediante la ciencia-ficción, la vida artificial y la inteligencia artificial, creamos universos ficticios, realidades simuladas o imaginadas. ¿Puede la nuestra ser una realidad creada, imaginada o controlada por otro ser superior?

Es muy común la analogía del cuerpo humano, incluido el cerebro, como hardware junto a la de la mente o el alma o ambas cosas como software. En este caso algo muy parecido a la reencarnación o a la inmortalidad se obtendría copiando el software en un nuevo hardware.

---

[36] Por ejemplo, se asume que gracias a la obra de Gauss, Bolyai, Lobachevsky y Riemann, se ha demostrado la imposibilidad de deducir de otros axiomas el axioma de las paralelas.

Fijemos la atención en una analogía similar a un nivel superior. Supongamos que es cierta la hipótesis de que todo nuestro universo sea un ordenador (hardware); la evolución puede ser entonces un programa (software) que se está ejecutando en él. Pero, ¿para qué? ¿Tiene un objetivo este programa? Si existiera una intencionalidad, la evolución debería ser dirigida por esa intencionalidad, y por tanto el conjunto hardware-software debería mostrar algunos aspectos "forzados" por esta intencionalidad, que se alejan de la "evolución natural" de las cosas. Los signos de intencionalidad, si existieran, deberían encontrarse cosas omnipresentes y extrañas, que no tendrían por qué ser exactamente así: la gravedad, el tiempo, el azar, la propia evolución con sus aparentes saltos de complejidad o la conciencia. En "El Chistoso", de Isaac Asimov, la risa aparece como el mecanismo que alguien ha introducido en los humanos, mediante chistes, para estudiarnos. Una simulación es una simplificación en la que se sustituyen ciertos procesos por funciones de azar que representan de forma basta aquello que se está simplificando y que no se considera relevante para el objeto de estudio. ¿Es el azar cuántico (único azar verdadero detectado en nuestro universo) la función de azar de nuestra propia simulación, el mayor nivel de detalle, por debajo del cual nada existe, de igual forma que en un ordenador nada existe a mayor detalle que el bit?

Efectivamente, sí hay algo sorprendente en nuestra realidad, algo que está y que perfectamente podría no estar. Algo que en realidad sobra y parece que alguien lo ha tenido que poner ahí. Ese algo es la existencia de seres vivos capaces de sentir placer y dolor, entidades identificadas que realmente gozan o sufren, aman, odian, tienen orgullo, compasión o celos. Cuando realizamos simulaciones de vida por ordenador, podemos asignar a cada agente una variable con un número llamada placer o dolor. Pero no es necesario que la entidad tenga realmente esas sensaciones para que se comporte como si las tuviera. Tal vez podamos construir algún día robots que se comporten como seres humanos, pero ¿podremos hacer que sientan? No importa ahora la respuesta a esta pregunta, la cuestión es: aunque pudiésemos, ¿por qué hacerlo? ¿Por qué lo ha hecho la naturaleza con nosotros? Una cosa es la vida artificial como imitación de los procesos propios de la vida, y otra muy distinta es la recreación de su esencia sensible, a la que evidentemente no hemos llegado.

Real y simulado

Desde el punto de vista reduccionista, podemos pensar que "la re-creación de su esencia" no es posible precisamente porque dicha esencia no existe, y la vida no es más que sus procesos. Tal como comentaba cierto día mi amigo Vicent Castellar *"¿Qué diferencia existe entre sumar uno más uno y simular que se suma uno más uno?"* Ciertamente, es difícil de ver la diferencia. Si última instancia, el universo fuese susceptible de ser descompuesto en unidades míni-mas de espacio y tiempo, todo el universo podría considerarse como un gran sistema formal. ¿Que diferencia habría entre el universo real y otro universo copia del primero? ¿Que diferencia habría entre mate-ria e información? ¿No sería lo mismo tener una unidad mínima de materia en cierta posición, que tener "algo" que se comportase como si fuera una unidad mínima de materia, en la misma posición? Lo mismo podemos aplicar a un cuerpo humano, cerebro incluido. ¿Que diferencia habría entre dos cuerpos así? (Además de la obvia: que ambas copias a pesar de ser idénticas, o bien no ocupan el mismo lugar del espacio, o bien no se encuentran en el mismo tiempo) ¿Serí-an dos personas o una? Otro planteamiento coherente es el solipsis-mo; pensar que sólo existe uno mismo con sus sensaciones y senti-mientos, siendo el resto una ficción; parece improbable pero no es posible demostrar su falsedad.

Al menos los sentimientos son reales

Sin embargo, sí existe una gran diferencia entre "me duele el es-tómago" y "simular que me duele el estómago". Aquí aparece un componente cuya simulación no puede considerarse equivalente. Hay algo que no se puede simular: el sentir. ¿Tiene el sentimiento un ori-gen evolutivo? Un árbol no tiene capacidad de sentir sensaciones (vamos a suponer esto), y en cambio una rana sí. El placer, el dolor, etc. parecen muy buenos mecanismos de supervivencia, pero real-mente no hacen falta si el ser vivo es capaz de comportarse "como si" los tuviera. La rana busca la comida, como el árbol la luz; ambos realizan las acciones correctas gracias a siglos de evolución, aunque la rana sí siente hambre y el árbol no.

¿Por qué ha ocurrido esto con los animales? Los sentimientos probablemente sean mecanismos adicionales y potentes creados por y para los seres más complejos, que se deben enfrentar con problemas muy distintos, por ejemplo, por el hecho de ser móviles. Pero ¿realmente le es más fácil y económico a la naturaleza crear seres que realmente sienten, que seres que actúan como si sintieran?

El árbol aprende a nivel de especie, gracias a las mutaciones, recombinación, a la supervivencia de los árboles más fuertes y la muerte de los débiles. La rana también aprende a nivel de especie de igual forma, pero además tiene un aprendizaje a nivel de individuo, del día a día. Los dolores provocados por el frío o el hambre son para la rana las pequeñas "muertes" que producen aprendizaje, así como también lo producen los momentos de placer, como refuerzos positivos. Su cerebro es un generador de acciones al azar, así como una memoria de las acciones correctas y un asignador de sensaciones. La rana es esclava de su cerebro, y el cerebro esclavo del cuerpo. Pero la rana no es ni su cuerpo ni su cerebro.

Tal vez sea realmente más fácil generar seres con sentimientos reales que simularlos. Pero a los programadores de vida artificial, al menos por ahora, no nos ocurre eso... más bien al contrario. Al menos, si estamos generando seres vivos con sentimientos, no nos estamos dando cuenta de ello.

Esto apoya la tesis de que no hay diferencia entre ambas cosas, al menos a ciertos niveles. Es decir, si a la evolución le ha sido posible crear seres sensibles a partir de seres insensibles, y para nosotros está siendo tan difícil, tal vez sea porque dicha clasificación binaria de seres sea errónea, y sean todos sensibles, o ninguno, o todos en distinto grado. Tal vez el asignar un valor a una variable... que se corresponde con un punto de luz en la pantalla... sea más que un símbolo. Tal vez para quien nos creó (si existe), nuestras vidas y sentimientos no tengan existencia real, y nuestras sensaciones no sean mas que "impulsos eléctricos".

En cualquier caso, es sorprendente la existencia de sentimientos, y la posibilidad de que hayan sido creados a propósito no puede ignorarse alegremente. Cuando hablo de la existencia de sentimientos no me refiero sólo a los humanos. En realidad, de los únicos sentimientos de los que tenemos prueba es de los propios de cada uno. Todos los demás podrían ser fingidos. Pero tanto los hombres como los animales dan buenas pruebas de tener sensaciones.

"Siento, luego existo" representa mejor la idea de lo que se quiere expresar con "Pienso, luego existo". La única existencia de la que podemos estar totalmente seguros es la de las propias sensaciones y por tanto la del yo sensible, cada uno del suyo. Por supuesto que después de esto hay multitud de hechos de los que podemos estar razonablemente seguros, pero no totalmente y prueba de ello son las pesadillas producidas en los sueños, en las que nos encontramos subjetiva y razonablemente seguros de la existencia de hechos que demuestran ser falsos (pero no así las sensaciones recibidas). Por otra parte, las sensaciones son algo completamente indiferente desde el punto de vista evolutivo. No hay ninguna razón para que la naturaleza necesite que los seres sientan, basta con que todos se comportasen como si sintieran. En resumen, de los muchos posibles y existentes, el plano de realidad donde nos movemos, nuestro auténtico entorno, que es el de los sentimientos o sensaciones, es ajeno al resto, es extraño, artificial, parece colocado de una forma arbitraria en la jerarquía.

El problema de la máquina replicante

¿Qué ocurriría si fuese posible hacer una copia de un ser vivo sensible hasta el nivel de detalle que se considere significativo (celular, molecular, atómico,...)? Una vez hecha la copia, ¿serían dos individuos o uno sólo? Si esto me ocurre a mí ¿quién sería "yo"? Podría servir como método para viajar a grandes distancias, tal como ha sido descrito en muchos relatos de ciencia-ficción, entre ellos en "Estación de tránsito" de Simak, pero ¿cuál sería "yo"? ¿*Yo* o la copia?

Vayamos por partes. Una persona entra en una máquina replicadora. Esta máquina (ficticia) es capaz de hacer una copia atómica exacta de la persona que entra en ella. Sustitúyase atómica por celular, molecular, cuántica o el término que supuestamente represente el nivel de detalle necesario para definir un ser humano. (Como me recordaba un amigo, el principio de incertidumbre puede eliminar la posibilidad de crear esta máquina a nivel cuántico y esto puede ser una forma de control del universo por parte de su creador.)

El aparato es utilizado para realizar viajes a grandes distancias. La máquina es capaz de obtener toda la información relevante que define a una persona, y esta información (y no la persona) viaja mediante señales de radio o cualquier otro medio equivalente hasta otra máquina similar en otro lugar. Una vez allí, la persona es recompuesta a partir de bidones de materia, que es estructurada según los datos recibidos. Por supuesto, el original es destruido en su origen.

El dilema ético se produce cuando por error o deliberadamente, el original no es eliminado, con lo cual, existen dos seres idénticos, indistinguibles. ¿Se trata de individuos o de uno sólo? ¿Cuál es el original y cuál la copia? ¿Cuál de los dos debemos "destruir"? ¿Es éticamente correcto este modo de viajar?

No conozco el origen exacto de este dilema, que muy bien pudo ser ideado por varios autores coincidentemente. Diversas variantes de esta máquina han sido descritas al menos por Asimov, por Clifford D. Simak en *Estación de tránsito*, y por Roger Penrose en *La nueva mente del emperador*, y en la película *La mosca*.

La situación ciertamente extraña que plantea esta máquina es en realidad un dilema filosófico. Se trata del problema de la ontología del ser humano, es decir, de la pregunta sobre cuál o cuáles son el o los constituyentes significativos del mismo. Diversas alternativas ontológicas son descritas y comparadas con gran claridad por J. M. Guibert en su artículo "La unidad del ser humano en las ciencias naturales y en la antropología cristiana[37]". Entre ellas, Guibert destaca la tesis monista emergentista según la cual, en cuanto a monista, "sólo hay un principio ontológico de la realidad", y sin embargo, como emergentista, "la materia es algo capaz de organizarse y evolucionar hasta adquirir propiedades como la vida, los estados mentales o la conciencia".

La posibilidad de la existencia de dicha maquina no contradice la aceptación de la tesis monista emergentista. En mi opinión, aceptar la posibilidad de la existencia de esta máquina supone aceptar que:

- El ser humano es un ser cuya entidad (cuya existencia como tal ser humano) depende únicamente de algo material
- La materia no es infinitamente divisible al menos en cuanto a los aspectos relevantes para formar un ser humano. Existe un nivel de detalle (celular, molecular, atómico, cuántico, o el que fuere) suficiente para la descripción de un ser humano. Es decir, existe una granularidad a partir de la cual es indiferente el comportamiento interno del elemento componente, siempre que ofrezca exteriormente el comportamiento adecuado. Por

---

[37] www.eside.deusto.es/profesores/guibert/

ello, los elementos a ese nivel de detalle son sustituibles por otros que realicen las mismas funciones. Por ejemplo, si el nivel de detalle suficiente fuera el atómico, podríamos sustituir cada átomo de un ser humano por otro objeto que tenga el mismo comportamiento que un átomo. Si el relevante fuera el celular, podríamos sustituir células humanas por células artificiales sin que existan diferencias significativas.

Creo necesario hacer algunas aclaraciones. Por una parte, en cuanto a la primera hipótesis, el hecho de aceptar que la entidad que define el ser humano dependa únicamente de lo material no tiene por qué implicar que dicha entidad sea material. Tal vez la materia produce algo no material (mente, sentimientos, o espíritu a partir del cuerpo). Por ejemplo, el hecho de que para dibujar un corazón en la arena nos baste arena y un palo en movimiento, esto no quiere decir que aquella arena organizada de una especial forma sea sólo arena. Además de ser arena, puede ser un mensaje. Aun siendo "sólo arena" es además un mensaje.

Por otra parte, en cuanto a la segunda hipótesis, añadiré que no se trata simplemente de obtener un ser indistinguible del que fuera antes. No se trata sólo de que las diferencias no sean observables, sino de que realmente no existan. Esta puntualización descubre aparentemente una opción implícita en cuanto al debate ontológico asociada a la posibilidad de la existencia de un conflicto ético asociado a la maquina replicadora, según la cual, al menos se deben rechazar las posturas monista y materialista reduccionista, y admitir en cambio la posibilidad del dualismo y el monismo emergentista. Esto es debido a que si existe un nivel de detalle material suficiente para describir al ser humano, tal como ya se ha dicho, reemplazando partes materiales del ser humano tendríamos el mismo ser humano, pero con distinta materia, y por tanto el ser humano no es la materia, es otra cosa. Sin embargo, más adelante comentaré una variante de la hipótesis del monismo emergentista que podría negar dicha argumentación.

Existencia pulsar

Hay una hipótesis que en caso de ser cierta ofrecería una solución bastante satisfactoria a esta y a otras preguntas.

Supongamos que el hecho de estar vivo (como ser vivo sensible) es el resultado de una combinación material. Nuestro cuerpo es como un robot o como un programa informático, que por su estructura -ya sea directamente, debido a esta misma estructura, ya sea porque esta estructura invoca a otro componente sobrenatural-, el resultado es que surge una entidad sensible, surge un "yo" que es capaz de sentir placer, dolor, tristeza, alegría etc.

La anterior es una hipótesis aceptada y discutida (monismo emergentista), pero vamos a añadirle el siguiente matiz: la generación de la existencia de ese "yo" sensible a partir de la estructura material no es continua, sino que se produce intermitentemente, por medio de pulsaciones, a una frecuencia tan rápida (es decir, con un intervalo tan pequeño entre una y otra) que se obtiene la ilusión de la existencia de un "yo" continuo, cuando lo que existen son millones y millones de entidades sensibles, que comparten recuerdos, y que nacen y mueren casi instantáneamente.

Pude parecer difícil de aceptar. Si siempre me siento vivo y siempre me siento "yo" ¿cómo voy a aceptar que ese *yo* han sido diferentes *yoes*? Primero aceptemos que los *yoes* pasados no existen; existieron pero ahora son historia. Esto es casi humorístico. Miles de canciones de moda nos lo recuerdan. El pasado es aquello que se fue. El pasado no existe. El futuro es aquello que vendrá. Pero aún no ha llegado. Sólo el presente existe. El presente es para siempre.

Bien, el presente existe, es lo único que existe. Recordémoslo. Sintámonos vivos. Podríamos no existir, pero existimos. Así son las cosas. ¡Qué raro sería el mundo sin nosotros! Tanto da, el caso es que aquí estamos. Estamos aquí y ahora.

Ahora. Recordemos lo que sentíamos antes, hace un segundo, hace un año. Ahora no lo sentimos. Ahora sólo tenemos el recuerdo. "Yo" es "ahora". El pasado creo que fui yo, pero no puedo estar seguro, tal vez lo soñé, tal vez me di un golpe en la cabeza. Heinlein propone en "El gato que atraviesa las paredes", una anestesia que no quita el dolor, sino el recuerdo del dolor. El paciente está continuamente sufriendo pero olvidando que sufre.

El sentimiento pasado es tan ajeno a nosotros que podríamos pensar que fue de otra persona. Podría no ocurrir; podría ser que el yo sensible tuviese una existencia continua a través del tiempo, de hecho es lo que aparentemente ocurre. Lo que se plantea aquí es la hipótesis contraria: que existen interrupciones. La hipótesis es aceptable, concuerda con la experiencia, ya que en cualquier caso estamos desconectados del pasado. El "yo" real es como un punto que se desplaza por la línea de la vida. Lo que aquí se propone es que ese punto se desplaza a saltos en vez de continuamente.

Según esta hipótesis, cuando una persona dice que quiere vivir o que quiere unas lentejas, se refiere a su yo de ahora, no al de hace una semana. Pero la semana que viene, el yo que "quiere vivir" y quiere un bocadillo será uno nuevo, no el de ahora. De hecho, mi "yo" de la semana pasada ya no existe. Según esta hipótesis, yo mismo podría pasarme un minuto entero sintiendo que quiero vivir, pero durante ese minuto, los seres que expresarían ese sentimiento serían cada vez uno distinto, aunque por compartir la memoria histórica, unos tendrían la sensación de ser continuación de otros, y en cada momento, el último de todos ellos hablaría de "yo" para referirse a toda la serie, debido a su memoria, aunque el auténtico "yo" sólo tenga existencia durante un instante.

Si esto fuera cierto, se solucionarían multitud de problemas. En el caso de la replicación de un ser vivo, obtendríamos dos nuevos seres vivos, ambos con el mismo derecho a afirmar que son el auténtico original, porque en realidad ninguno lo es. En cuanto a su "yo sensible", ambos serían de reciente creación, como absolutamente todos.

La muerte del cuerpo perdería su sentido trágico. Podría tener sentido prolongar los instantes de vida (¿mediante drogas? ¿Cada ser vivo vivirá a una frecuencia distinta? ¿Los seres más sensibles poseerán periodos mayores?). Pero la muerte del cuerpo sería una muerte más, insignificante.

El suicidio sería absurdo, ya que continuamente estamos muriendo y naciendo como seres nuevos. La venganza de las afrentas también. La previsión del propio futuro sería un caso de solidaridad con las nuevas entidades sensibles futuras. Trabajar por uno mismo sería sustancialmente equivalente a trabajar por cualquier otro ser vivo sensible. El intento de prolongar la vida propia sería equivalente al intento de prolongar la vida del vecino: la diferencia entre mi yo de ahora y mi yo de dentro de un segundo sería tan esencial como la diferencia entre mi yo de ahora y el de mi vecino, sólo cambiarían los recuerdos. Todos los seres vivos tendrían una cierta equivalencia. En realidad, desaparece el "yo".

Veo esta como una vía "cientificista" para la *des-egotización* que Agustín de la Herrán propone en su libro "La conciencia humana. Hacia una educación transpersonal", para obtener grados de conciencia elevados. Creo recordar vagamente textos orientales que expresan de otra forma una idea similar, en línea con Teilhard de Chardin. Lo que conocemos por "yo" no existe y esta aceptación nos liberará de una pesada carga, uniéndonos al resto de seres vivos. Aquello de lo que está compuesto mi "yo" es esencialmente lo mismo para mí que para mi vecino. Yo soy el y el es yo.

Sigamos con la analogía

Una vez solucionado el problema de la máquina replicante con una hipótesis satisfactoria (aceptable por ahora), volvamos a la posibilidad de nuestra realidad como una simulación. Es posible que *El Programador* esté esperando que su simulación de vida artificial llegue a algún punto, llegado el cual tal vez se comunique con las entidades, tal vez apague el ordenador...

La evolución es un proceso maravilloso, pero a la vez doloroso, cruel, un juego trucado en el que todos pierden, donde no puede existir la vida sin la muerte, en el que los seres individuales no tienen valor por sí mismos, sino sólo como parte de un proceso.

Algo que tienen en común todos los seres vivos es su lucha por seguir estando vivos, un irrazonado instinto de conservación. ¿Tiene algún límite este instinto? ¿Puede este deseo provocar un aumento de complejidad, de forma que se cree una entidad de nivel superior de mayor complejidad y longevidad? Cierto día, en la evolución, los seres unicelulares se transformaron en pluricelulares. ¿Puede una célula soñar con ser músculo? ¿Puede una hormiga querer ser hormiguero? ¿Podremos nosotros algún día convertirnos en una entidad de nivel superior? ¿En un planeta vivo? ¿En una galaxia viva? ¿En un universo vivo? ¿En GAIA[38]?

---

[38] "Gaia" es el nombre con el que los griegos se referían a la diosa de la tierra. Actualmente se utiliza representando el concepto de "planeta como ser vivo". La idea fue dada a conocer por el bioquímico inglés James Lovelock. En esta teoría se considera que La Tierra realiza las mismas funciones que cualquier otro ser vivo. Copérnico ya concebía al mundo como un animal, comparándolo con un organismo en el que *el movimiento circular coexiste con el rectilíneo, del mismo modo que el organismo coexiste con su enfermedad.* Según Bruno, *la Tierra es un organismo cuyas partes están obligadas a moverse con el todo.* (Tomado de Feyerabend, Paul. *Against Method.* 1ª Ed. 1975. NLB. Existe traducción al castellano (por Ribes, Diego): *Tra-*

El Universo (la existencia de algo, materia, energía), la vida (mas bien, la consciencia) y la inteligencia parecen fenómenos improbables. Pero con azar, espacio y tiempo suficientes, se pueden generar las "moléculas reproductoras", que unidas a la fuerza de la evolución, tal como explica Richard Dawkins en "El gen egoísta", originan la vida tal como la conocemos.

¿Por qué nuestro universo ha de ser una simulación en otro universo superior? ¿No puede existir simplemente, y ya está? Si la evolución nos ha creado a nosotros, y nosotros hemos creado simulaciones ¿No es lógico pensar que si dejamos funcionando el tiempo suficiente a nuestras simulaciones, también ellas crearán sus propias simulaciones? Precisamente eso es lo que hace un programa de ajedrez cuando busca el mejor movimiento intentando predecir las distintas situaciones con las que puede encontrarse en el futuro. Por otra parte, si existe una sucesión de simulaciones "autodevorables" ¿por qué hemos de vivir nosotros en la de mayor nivel?

¿Que es "real"?

Existen otros indicios relativos a que la concepción que distingue entre un universo real y todos los imaginables universos simbólicos inexistentes no es adecuada, y en cambio, todos los universos tienen la capacidad de ser reales, debido a que la "realidad" de un universo es una propiedad subjetiva asignada instantáneamente por los objetos que habitan en él. Es decir, según esta hipótesis, es cierto que "Universo solo hay uno, el resto son universos inexistentes", pero esto sólo es cierto para nosotros humanos, es un caso particular (en incluso el universo real para los humanos no es el material, sino otro, pero esto lo explico más adelante). En cambio, para los objetos lógicos de los otros universos, el suyo propio también es un universo real. Intuitivamente, sería algo así como decir que "Nuestro universo es tan real para nosotros como el universo de mi mente es real para una idea que habita en él".

Otra forma de verlo: existe una jerarquía de realidades, unas contenidas dentro de otras, todas ellas simuladas o ficticias, excepto una de ellas ¿Cuál? Decidir cuál de los niveles es el auténtico depende de

---

tado contra el método. Esquema de una teoría anarquista del conocimiento. 1986. Ed. Tecnos. Pág. 82. Nota 114).

en cual de ellos nos encontremos: el nuestro siempre será el real. La "realidad" de algo es un atributo asignado subjetivamente, otorgado por el derecho que nos da la sensibilidad de nuestra propia realidad.

¿Que es "vivo"?

Voy a intentar explicar estos indicios relativos a lo que es "real" intentando definir lo que es "vivo". Yo definiría la *Vida Artificial* como el intento por parte del Hombre, de crear vida, o algo parecido a la vida, mediante la combinación de símbolos (datos) y procesos de símbolos (programas) independientemente del soporte físico de estos símbolos y procesos. La hipótesis que subyace a esto es que la vida es una propiedad independiente del soporte físico, es una consecuencia de una configuración cuyos elementos componentes pueden ser físicos o lógicos. En la Vida Artificial se intenta confirmar o refutar esta hipótesis. Si fuera cierta, esto supondría que la vida no existe como algo físico, o más sencillamente, que no existe, simplemente actúa como si existiera, es una propiedad del universo simbólico, que no existe realmente. También, desde ese punto de vista, las personas como tales no existen, es decir, Manuel de la Herrán es el nombre que asignamos a un conjunto de partículas físicas, el *yo* es un concepto del universo simbólico y por tanto no existe.

En cambio, si la hipótesis no fuera cierta, la vida estaría basada en algo físico. Existiría algún tipo de materia especial que sería la causante de la vida. También podrían darse los dos casos, esto es, que la vida sólo fuera posible a partir de cierto tipo de materia física (carbono, por ejemplo), más una configuración lógica de esa materia.

En cualquier caso, estamos hablando de descubrir los requisitos para la vida ¿Pero se puede saber qué es la vida? Bien, para responder a esto hay que volver a la idea principal: si definimos la vida como procesos (nacimiento, muerte, reproducción, interacción con el entorno, reducción de entropía,...) es evidente que la vida es independiente del soporte físico. La mayoría de la investigación en vida artificial interpreta la vida como procesos, e implícitamente plantea el asunto de la siguiente forma: *"Si la vida son procesos, este programita es un ejemplo de vida"*. En el programa se ven bichos que cooperan, se reproducen, mueren, pelean, etc.

Con esto parece que se soluciona el problema, pero en realidad solamente hemos solucionado la parte más fácil. De hecho, le muestras a alguien el programita y le dices: *"Mira, un ejemplo de vida artificial, esos bichos que ves en la pantalla, están vivos"*. Entonces la otra persona te dice *"Si, pero no creerás que eso es* realmente *vida, ¿verdad?"*

Es decir, la vida como procesos es un concepto muy útil para describir ciertas propiedades simbólicas, pero existen otras ideas para las que la gente también utiliza la palabra "vida". ¿A que se refieren realmente? Vamos al fondo de la cuestión: cada uno de nosotros tiene un *yo*. Tal vez ese *yo* no exista realmente o tal vez sí. En cualquier caso, se comporta como si existiera. Nos gustaría saber en que consiste ese *yo*, cuál es su causa, que requisitos tiene, cuál es la causa de que aparentemente se pierda (muerte) etc. son asuntos interesantes para todos.

El *yo* es capaz de sentir placer, dolor, y otro tipo de sensaciones (envidia, deseo, celos, paz...) Según algunos investigadores, el placer podría no existir y todas las sensaciones podrían ser distintos tipos de dolor (véase Jáuregui[39]). En cualquier caso, el *yo* es capaz de sentir sensaciones.

Aquí viene lo bueno: según la hipótesis reduccionista que admite un sólo Universo real, el *yo* no existe, y por tanto las sensaciones del *yo* tampoco. Pero de hecho los humanos (al menos yo por lo menos) sentimos cosas y no dudamos de su veracidad. Las sensaciones son bien reales. La conclusión a la que me lleva esto es que los *yoes*, las individualidades, son entidades simbólicas pero reales que surgen a partir de ciertas configuraciones y/o propiedades de la materia. Nosotros (nuestros *yoes*) no existimos en el universo material, éste está por debajo de nosotros. Los seres vivos sensibles somos objetos reales de un universo real superior al material. El universo material es el que es irreal, no existe. Al menos, para nosotros, no existe, porque es inferior. Pero bien que podría existir para las partículas de materia que lo forman.

Resumiendo: hay una contradicción entre: "la materia es real y el resto no" (idea terriblemente extendida, debe ser por la cantidad de veces que nos chocamos con la materia) y "nuestros sentimientos son reales y no son materia" (no tan extendida, debido tal vez a que las sensaciones recibidas cuando nos chocamos con los sentimientos son

---

[39] Jáuregui, José Antonio. 1990. El ordenador cerebral. Editorial Labor.

tan fuertes que no nos permiten reflexionar sobre ellas mientras las disfrutamos o sufrimos).

La vida tiende a infinito

El hecho de que las formas de vida tengan un comportamiento que de alguna forma les facilita el seguir vivas, o el producir nueva vida es una perogrullada. Lo vivo tiende a seguir vivo, o al menos, a crear tanta o más vida a su alrededor. Si no, se muere. Un grupo de entidades vivas no tiende, en conjunto, y con una cierta probabilidad alta, a la muerte, ya que si así lo hicieran, probablemente ya hubieran muerto y no estaríamos hablando de ellas. Lo más probable es que tengan un comportamiento (el grupo, en conjunto) que siga produciendo vida.

¿Cómo tender a la vida? ¿Cómo seguir produciendo vida? La forma más evidente es la reproducción, creando seres a la imagen de los progenitores. Pero hay otras formas de incrementar la vida del conjunto: el crecimiento.

No necesariamente tienen que sobrevivir individuos, basta con que la vida se transmita y se mantenga en conjunto. El conjunto puede convertirse (no sabemos cómo, pero ya ha ocurrido antes) en otro ser vivo, en un meta-ser, que emerge, consciente, y con instinto de supervivencia. Podemos continuar el razonamiento, y ahora, el conjunto de los meta-seres es ahora el que debe mantenerse vivo, creando meta-meta-seres, y así indefinidamente. Dado un ser vivo cualquiera ¿qué probabilidad hay de que no esté compuesto por otros? ¿Que probabilidad hay de que no forme parte de otros?

Concluyendo...

Existen diversos niveles de análisis, abstracción o detalle a la hora de analizar el Universo: cuántico, atómico, molecular, celular, orgánico, individual, grupal... La "realidad" de un nivel siempre se puede poner en duda. Por ejemplo, se puede decir: Una silla no existe. Una silla es una abstracción mental nuestra. Una silla es el conjunto de pátas y tableros. Las patas y tableros son reales, la silla es irreal. Una afirmación similar se puede aplicar a cualquier pareja de niveles contiguos.

Cada nivel de descripción del Universo ignora -en principio- todas las descripciones de nivel superior, y no tiene por qué contener obligatoriamente todos los elementos del nivel inmediatamente inferior. Por ejemplo, un nivel de descripción celular no ignora las moléculas contenidas en las células, pero sí -en general- las moléculas inorgánicas, ajenas a las células.

Según esto, las entidades que habitan en un nivel cualquiera pueden interpretar que ellas mismas y aquello con lo que se relacionan son el nivel más alto de descripción de su universo y que no existen niveles superiores o similares estancos, cuando lo que ocurre es que no son capaces de relacionarse con estos otros elementos.

Los animales en general y los seres humanos en particular fundamentamos nuestra propia entidad como individuos gracias a la capacidad de sentir. Como "siento luego existo", las entidades sensibles somos reales (al menos lo es la propia e ignorando el solipsismo, las demás). Los niveles inferiores, que podemos analizar, se interpretan como reales, pero siempre son estudiados desde un nivel superior, lo que limita su conocimiento.

Aunque cada uno sólo puede estar seguro de sus propios sentimientos y como conclusión, de su propia existencia, extrapolamos la realidad y sentimientos del semejante con comportamientos semejantes. Pero la analogía no es válida cambiando de nivel. Podemos estar casi seguros de que otra persona existe y siente debido a su apariencia y comportamientos, que captamos por nuestros sentidos, pero no podemos estar casi seguros de que un átomo o una entidad simulada por ordenador no sienta y no exista (es decir, no sea tan real como nosotros mismos) porque el "universo", o "nivel de descripción del universo" o la "realidad" en la que se encuentra el átomo o la entidad simulada por ordenador no es equiparable a la propia.

De igual forma es atrevido afirmar que no existen niveles de realidad superiores a la humana, ya que nuestra dificultad para conocer niveles superiores de realidad es análoga a la que tienen los átomos para conocer las moléculas de las que forman parte, o la que tienen las entidades simuladas por ordenador para conocer el sistema informático en el que viven.

Reconocer estas dificultades o limitaciones no implica reconocer la imposibilidad de alcanzar el conocimiento de niveles superiores a través de ciertas interferencias, que pueden tener aspectos paradójicos. Se observan al menos cuatro tipos principales de relación entre niveles contiguos:

- El primero o "inicial" se da cuando la coordinación en el nivel inferior provoca la aparición de un nivel superior. Por ejemplo, cuando entidades celulares individuales se agrupan para formar un individuo multicelular.
- El segundo es consecuencia del primero. A partir de cierta masa crítica de coordinación, se da suficiente empuje a la existencia de la entidad de nivel superior como para que mantenga una fuerte presencia sobre los niveles inferiores. El nivel superior, ya formado y estable, controla -hasta cierto punto- todos los niveles inferiores que lo forman. Esto ocurre cuando nos cortamos el pelo o decidimos mover nuestras células a dar un paseo.
- El tercer caso se da cuando la entidad de nivel superior controla-manipula entidades de nivel inferior con las que es capaz de relacionarse y que no forman parte de él. Por ejemplo, como método para alimentarse.
- El cuarto caso es el que se produce cuando una entidad de nivel inferior afecta a otra de nivel superior de la cual -al menos hasta ese momento- no formaba parte, como un virus.

Creo que era Golan Trevize el personaje de Asimov quien en la serie de "las fundaciones" decide que la humanidad debe formar parte de una entidad de nivel superior (pongamos "A") porque piensa que ésta es la única forma en la que podrá sobrevivir si aparece otra entidad superior distinta ("B"), posible enemiga de "A". Existe la pequeña paradoja de que si "A" no existe, ¿cómo va a ser vencida por "B"? Y aunque existiera, los humanos podrían seguir con sus rencillas internas, ajenos a las de "A" y "B"... Pero es la invasión alienígena la que teme Golan, quien implícitamente reconoce que "la humanidad no existe" -todavía los hombres no forman una entidad de nivel superior-, y ese es el problema, y la solución.

Es común que las entidades superiores manipulen, modifiquen, descompongan, se alimenten de las inferiores, probablemente eliminando su ser más elevado y manteniendo su existencia sólo a niveles inferiores (descomponiendo una molécula, por ejemplo), aunque no tiene por qué darse siempre ese caso. La partícula de pintura que cae al suelo no tiene por qué desaparecer como tal partícula de pintura por el hecho de dejar de formar parte de un hermoso retrato, aunque sí es más probable. Eso sí, si abandona el cuadro, es seguro que ocurre eso: que ya no forma parte de un hermoso retrato.

...y soñando

Para terminar, si existiera *El Programador*, ¿Cómo podría ocultar a los ojos de sus entidades sus intromisiones en el mundo por él creado? Aunque se ocultasen sus acciones, las consecuencias de éstas serían detectables por las entidades, así que esto no basta, (y además, no es ni siquiera necesario). El programador debería proporcionar otra explicación de cuyo efecto resulte descartar, por parte de las entidades, el estudio de ese fenómeno. Podría mantener visible el fenómeno sobrenatural, con tal de que se invalidase su estudio. Otra forma sería la eliminación o incapacitación de los seres que se encuentran cerca de encontrar el conocimiento prohibido, aquellos que están traspasando el "círculo de penicilina" que describe Asimov.

La primera solución es descrita con gran acierto por Ian Watson en "Visitantes Milagrosos[40]".

> [...] El saber real se protege de la misma manera[...] y al mismo tiempo obliga a la gente a desarrollar nuevos órganos de percepción, de los que se oculta, a su vez. Así se hace posible la evolución. Sin embargo está hecha para ser experimentada, ¡no para hablar de ella! Las palabras no son las metáforas que Dios acuñó para los hombres. ¡Lo son nuestras propias vidas!, lo es el mundo.
>
> [...] pero los individuos que pertenecen a un sistema no pueden conocerlo de forma directa. Estoy hablando de sistemas de organización de orden superior, de pautas de orden superior. Los sistemas de orden inferior no pueden aprehender enteramente, el TODO del que forman parte. Lo impide la lógica. Es un principio natural. Por esta razón cuando los procesos del TODO se nos revelan, lo hacen como fenómenos NO IDENTIFICADOS; como intrusiones en nuestro saber que pueden ser presenciadas y experimentadas, pero no comprendidas racionalmente ni analizadas ni identificadas. Estas intromisiones [...] son las que estimulan a la ameba a evolucionar a una forma de vida superior [...] constituyen la dinámica misma del Universo.

---

[40] Ed. Grupo Zeta. 1987.

El fenómeno ovni (cualquier fenómeno sobrenatural) se protege a sí mismo, se rodea de circunstancias que permiten explicaciones que no requieren de lo sobrenatural, para poder seguir manifestándose impunemente. En el caso de que existiera un ente sobrenatural (¿superior?) y éste deseara manifestarse en nuestro mundo afectándolo lo mas mínimo, tal vez como una sonda, para estudiarlo, la mejor forma sería hacerlo en condiciones en las cuales su aparición (estrepitosa, inaudita) pudiera ser explicada de otra forma.

Esto explicaría por qué todas las apariciones, milagros, y visiones se producen "volviendo de una boda", bajo el efecto de drogas, o en situaciones de extrema concentración o relajación, excesiva falta de sueño, hambre, sed o estados emocionales extremos: las visiones no las produce la falta de sueño, o las drogas; esa es la excusa que el fenómeno utiliza para que, una vez transcurrido el suceso, lo rechacemos.

3. Vida Artificial

¿Qué es la Vida Artificial? Y para empezar ¿Qué es la vida? No existe una única definición de lo que es la vida; existen multitud de ellas. Por ejemplo, se habla de la *vida* basada en el carbono, de la vida como una serie de procesos efectuados por seres vivos (nacimiento, reproducción, etc.), y se han creado definiciones en función de la termodinámica. Ocurre que según vamos aplicando cada definición, asignamos la etiqueta de "ser vivo" a un subconjunto cada vez distinto del conjunto de todas las entidades del mundo real.

La mayoría de las definiciones de vida incluyen como seres vivos a entidades que no se consideran seres vivos según el criterio popular. La definición que yo propongo no incluye más entidades que las admitidas por el criterio popular. En cambio, excluye algunas. Si algunos autores en sus definiciones se creen con el derecho a incluir el fuego, un automóvil, o un programa de ordenador como seres vivos, en idéntica lógica yo me creo con el derecho de excluir de la definición a algunos de los que son seres vivos según el criterio popular.

Según la definición que propongo, ser vivo es "la entidad que siente placer y/o dolor", o de una forma más desarrollada, "aquella entidad que posee un mecanismo de asignación de recompensa y/o castigo tal que le produce sensaciones de placer y/o dolor" y en una forma compacta: *Ser vivo es ser sensible*.

Para distinguirla de las otras definiciones, parece adecuado asignarle permanentemente la etiqueta sensible. Para recibir el calificativo de ser vivo sensible no basta con ser capaz de recibir y procesar estímulos. No se trata sólo de eso; se trata de transformar esos estímulos en placer, dolor, o algún tipo de sensación. Ser vivo sensible no es aquel ser que se comporta "como si" sintiera. Ser vivo según esta definición es aquel que realmente siente placer, dolor o lo que fuera[41].

Esta definición presupone implícitamente la falsedad del solipsismo aplicado al aspecto concreto de los sentimientos (placenteros o dolorosos) de los demás.

El solipsismo es un planteamiento filosófico que admite la existencia de uno mismo, sus sentimientos y creencias, pero reconoce la falta de seguridad en la existencia de todo lo demás: el resto de individuos, objetos y en definitiva, de todo el Universo excepto uno mismo. Una posible argumentación en su favor es la siguiente: ya que toda la información que uno posee proviene de los sentidos y los sentidos son propensos a errores y engaños, cualquier información proporcionada por los sentidos no es fiable. En cambio, el simple hecho de recibir información por los sentidos implica la seguridad en la certeza de la existencia de un receptor, que es uno mismo, y de algún tipo de sensores (que definen al receptor), pero no implica la existencia de un emisor distinto a uno mismo.

Curiosamente, la información relativa a uno mismo (soy alto, mi cuerpo está frío, mi cuerpo está cansado, mi estómago está dañado) también se recibe por los sentidos y también es propensa a errores, por lo que esta información tampoco es fiable objetivamente, aunque sí lo es la información desde el punto de vista subjetivo (creo que soy alto, siento frío en el cuerpo, estoy cansado, me duele el estómago). La información relativa a uno mismo, cuando se plantea objetivamente (soy alto) no es fiable, o lo que es lo mismo, no se refiere a uno mismo (y el propio cuerpo es desde este punto de vista algo exterior a un mismo). En cambio, la información relativa a uno mismo, cuando se plantea subjetivamente (creo que soy alto) siempre es verdadera, de igual forma que la expresión $p = p$ siempre es cierta.

Es decir, el hecho de recibir información por los sentidos, además de implicar la seguridad en la certeza de la existencia de uno mismo como receptor, también implica la certeza del significado subjetivo de los estímulos. No puedo estar seguro de ser alto, o de tener frío en el cuerpo, pero lo que es seguro es que yo creo que soy alto y que yo siento que tengo frío. Este último aspecto se hace patente en los sueños, donde se reciben estímulos provocados por uno mismo. En un

---

[41] Es interesante la hipótesis desarrollada por José Antonio Jáuregui en *El ordenador cerebral*, según la cual podría no existir el placer, y sólo distintos grados y tipos de dolor.

sueño es posible creer que uno es alto cuando no lo es, o sentir frío cuando el cuerpo no posee una temperatura baja.

Sin duda, la vida puede ser un sueño, ya que no hay forma de distinguir entre sueño y realidad. La falsedad del solipsismo es indemostrable, como es indemostrable la falsedad de cualquier axioma. Sin embargo, el solipsismo es improbable (es decir, la falsedad del solipsismo es probable). El sentido común basado en el principio de la analogía entre los sucesos, nos dice que es más probable que las cosas sean lo que parecen, frente a que no sean lo que parecen, o ni siquiera existan. Es decir, si un ser humano se propone clasificar los objetos del Universo según cumplan o no esta definición, en primer lugar podría llegar a la conclusión de que él mismo es un ser vivo sensible, ya que es capaz de sentir placer y/o dolor y considera que esto no necesita demostración. Cuando trate de aplicar la definición a otro ser humano, probablemente llegue a la misma conclusión. El problema es que parece imposible estar seguro de que el otro ser humano existe y no es producto de la imaginación, un sueño o alucinación. Esto parece poco probable, pero aún suponiendo la existencia del otro, podría ser muy difícil distinguir si se trata de un ser humano o de un robot, -un artefacto que entre otras cosas trata de imitar a los seres humanos-, como muy bien ha demostrado Isaac Asimov[42].

Por ahora no parece haber mejor solución que aplicar el mismo criterio que se utiliza para resolver el solipsismo en su faceta universal: "No estoy seguro de que el resto del Universo exista, pero supongo que es más probable que las cosas sean lo que parecen, frente a que no sean lo que parecen, por tanto, supongo que el resto del Universo existe y no es una alucinación mía". Siguiendo el mismo razonamiento: "Aquellas entidades que aparentemente poseen sentimientos de placer y dolor, probablemente sean seres vivos sensibles". El indicador fundamental de ser vivo sensible sería la capacidad de comunicar el placer y el dolor (mediante gestos, sonidos, palabras) y esto hace patente que esta definición es totalmente subjetiva. Un "hombre que viniese de Marte" podría tener serios problemas en clasificarnos a nosotros como sensibles, y viceversa.

---

[42] No sólo los humanos tendremos el problema de reconocer adecuadamente la subjetividad ajena. Este problema también lo tendrán los robots, ya que uno de los aspectos fundamentales de un robot será ser capaz de reconocer en que casos se encuentra con un "hombre" es decir, cuándo se encuentra con un "ser con derechos", que equivale a "ser subjetivo (sensible)". ¿Quién alcanzará antes esta habilidad de forma infalible? ¿Hombres o robots? ¿Serán los robots capaces de amar?

A pesar de todos sus inconvenientes, esta definición de ser vivo es útil porque profundiza en el aspecto del efecto real, sobre el otro, de nuestras propias acciones u otros sucesos, y no sólo interpreta la información del otro en función de su efecto sobre uno mismo. Es decir, la complejidad de las relaciones entre entidades es tal que no basta con fijarse en "el efecto de mi acción sobre mí" o en "lo que parece que produce mi acción sobre el otro", sino en "lo que realmente siente el otro debido a mi acción". Dados tres entes: "yo", "ente1" y "ente2", siendo "yo" y "ente1" seres vivos sensibles, y "ente2" una entidad que se comporta como si sintiera, si "yo" no observa diferencia entre la relación con "ente1" y "ente2" en este aspecto, es cierto que en cuanto a ser sensible, para "yo" no existe diferencia entre "ente1" y "ente2". Sin embargo, si de todos modos la diferencia existe, puede ser interesante detectarla por varias razones:

- La simulación de sentimiento pudiera fallar y ser descubierta. El comportamiento de la entidad pudiera ser en el futuro distinta a la de un ser que realmente sintiera y por tanto dejaría de serlo, y sería interesante poder anticiparse a esto.
- Aunque nunca fallara la simulación de sentimiento, si realmente admitimos que existe una diferencia de base, entonces ésta podría manifestarse a otros niveles. Por ejemplo, podría afectar a la super-entidad que forman todos los seres vivos sensibles. En una analogía, las células de un organismo tratan de detectar otras células del mismo organismo, diferenciándolas de cuerpos extraños. Las células a veces se equivocan, ya que algunos agentes extraños pueden ocultar su verdadera naturaleza. Esto puede no afectar directamente a la célula que se encuentra con el agente extraño, pero sí al organismo y finalmente a todas sus células.
- Desde un punto de vista ético, si nuestra intención es evitar el sufrimiento a todas las entidades capaces de sentirlo, esta definición marca una jerarquía entre los objetos del mundo real en cuanto al respeto (que incluye la no agresión, la no destrucción) que les debemos tener. En principio se podría tener respeto por todo el Universo, cosas vivas y no vivas, pero en caso de conflicto, sería necesario conocer qué seres son capaces de sentir esa posible agresión, esa posible falta de respeto.

Si nuestra ética trata de respetar a los seres vivos según una definición estrictamente funcional, se equipararía el respeto hacia un ordenador con el respeto hacia otra persona. Una vez que se plantea esto, es lógico que brote un gran interés en cuanto a si es ético apagar el ordenador que ejecuta una simulación de vida artificial, más cuando la definición funcional se encuentra muy extendida en los entornos científicos.

Sin embargo, si nuestra ética trata de respetar a los seres vivos según la definición de ser vivo sensible, se asignará una mayor prioridad al respeto a seres humanos y otros animales frente a ordenadores[43].

En resumen, la cuestión está abierta, y hay dos grandes problemas:

- Alguien realiza un programa de ordenador especializado en simular sentimientos. En principio este programa no tendría por qué tener más sensaciones reales de placer y dolor que cualquier otro programa que tratase de simular cualquier otra cosa. Pero tal vez nos engañe.
- Aunque los programas de ordenador no den muestras de poseer sentimientos, podrían tenerlos. Lo mismo se puede decir de las plantas o de las rocas. Puede que algún día se demuestre que los seres de una simulación de vida artificial por ordenador, o la simulación completa entendida como un ser, era un ser vivo y realmente sentía. Puede que algún día se demuestre que el mar, entendido como un todo, es un ser vivo sensible.

Ambos problemas poseen la enorme dificultad de que en cualquier caso, aunque en principio se avance en métodos de identificación de seres vivos sensibles, en última instancia y dado que se trata de un caso particular de solipsismo, será imposible demostrar la validez de nuestros métodos. Como solución parcial, tenemos el criterio de que "en principio, las cosas son lo que parecen", que podemos aplicar a aquello que parece estar vivo, y posteriormente tratar de reunir el máximo de información relativa esta entidad, intentando falsar (encontrar indicios de la falsedad) de esta afirmación.

---

[43] Algunos autores señalan la diferencia entre *realizaciones* (lo que habitualmente se entiende por *robots*) y *simulaciones* (en un computador). Sin embargo yo no considero que existan diferencias significativas entre ambas *implementaciones* en relación con las cuestiones tratadas en este libro.

Resumiendo, en cuanto a la definición de vida, existen al menos los siguientes puntos de vista:

a) La vida son sus procesos.
b) La vida son procesos y algo más. Ese algo más es:
    b1) Una configuración en cierto nivel material insustituible por otro que realice la misma función.
    b2) El alma.
    b3) Los sentimientos (reales, no simulados).
c) Depende del nivel del observador. Une a) y b3) Para nosotros la simulación no tiene sentimientos y no está viva pero para un posible ser superior, es nuestro universo el que es una simulación, y nosotros los que no tenemos sentimientos reales.

El Problema de la simplificación

Un problema que tienen las simulaciones de vida artificial es que no sabemos si son o no modelos excesivamente simplificados de la gran complejidad del mundo real. Entre otras cosas esto es debido a que no se puede determinar cuándo una función pseudoaleatoria es lo suficientemente buena como para aceptar los resultados obtenidos en una simulación. Por ahora lo único que sabemos es que si usamos una función pseudoaleatoria mala, fácilmente predecible, no podremos confiar en los resultados. En general, lo que se hace es precisamente eso: no confiar en los resultados.

Las funciones pseudoaleatorias se usan en Vida Artificial para evitar la modelización de aquellos aspectos que resulta demasiado complejo representar. Las funciones pseudoaleatorias son necesarias, porque en general siempre hay algún aspecto que resulta demasiado complejo representar.

Si vemos el modelo como una caja negra que nos ofrece un resultado, como por ejemplo una predicción, es posible obtener éste sin utilizar funciones pseudoaleatorias, pero esto no sería una simulación. En cambio, si queremos que el modelo internamente se asemeje lo más posible a la realidad, si queremos representar los aspectos internos, deberemos utilizar funciones pseudoaleatorias que sustituyan precisamente los comportamientos que por razones prácticas no pueden ser representados de otra forma en el modelo.

Para ello deberemos analizar los aspectos complejos de forma estadística, implementándolos mediante distintas funciones de probabilidad.

Modelizar situaciones de forma estadística es un proceso mental que todos hacemos en nuestra cabeza a diario. Por ejemplo, al decir que hay un 50% de probabilidades de tener un niño en vez de una niña. Cuando no podemos conocer los complicados mecanismos internos de un proceso, como es la determinación (se entiende, natural) del sexo, acudimos a un cálculo de probabilidades, es decir, asignamos una confianza a un suceso en función del número de veces que se ha producido anteriormente. Por ejemplo, el director de la maternidad obtiene de la observación el conocimiento de que el 50% de los nacimientos suelen ser niños. Con 100 partos inminentes, y suponiendo que la atención a los recién nacidos fuera distinta según el sexo, el director puede elucubrar si el centro posee los recursos necesarios para atender a "50 niños y 50 niñas"; probablemente "48 niños y 52 niñas" o algo así como "32 niños y 68 niñas", pero casi seguro que no "97 niños y 3 niñas". Para hacer estas reflexiones el director está usando mentalmente un generador de azar. Para 100 nacimientos, la función de distribución de la probabilidad de "numero de niñas" es una función de distribución normal (con forma de campana de Gauss) de media 50. El generador de pseudoazar será una función que devolverá valores entre 0 y 100, siendo el 50 el más probable, y el 0 y el 100 los menos probables.

En simulación, dado que una precisión infinita no es posible, es decir, ya que el modelo no es una copia exacta, sino una simplificación, tenemos que trabajar con un margen de error. Si el sistema a estudiar tiene naturaleza caótica, es decir, si ocurre que pequeñas diferencias en las condiciones iniciales pueden provocar grandes errores en el resultado final, entonces no es posible confiar en el modelo.

Resumiendo, los problemas son:

- Determinar si es aceptable establecer un nivel por debajo del cual se sustituye la simulación de los procesos reales que se están estudiando por una "caja negra" o función aleatoria o pseudoaleatoria que produce un comportamiento estadísticamente similar al que se da en la realidad hacia el resto del modelo. Es decir, se trata de decidir si es aceptable o no usar una función aleatoria o pseudoaleatoria. Tal vez no sea aceptable, o tal vez no sea posible decidir si es aceptable o no.

- En el caso de no ser aceptable o suponer que no es aceptable, el modelo debería ser una copia idéntica del original, hasta el nivel de granularidad máximo (partículas elementales, elementos constructores de todo lo demás). En el caso de ser aceptable o suponer que lo es, el problema es definir dónde está ese nivel, es decir, en que casos vamos a usar la función aleatoria o pseudoaleatoria.

- Una vez definido en que casos vamos a usar la función pseudoaleatoria, el tercer problema es definir las características de esa función para poder utilizar una lo suficientemente buena. En el caso de no poder decidirlo, lo mas seguro sería, o bien usar la mejor función de que se disponga, o utilizar una en la que intervengan procesos cuánticos, que de acuerdo con las teorías actuales son auténticos generadores de azar.

Autómatas que no resuelven problemas

Por lo general, cuando se habla de redes neuronales artificiales, algoritmos genéticos o computación evolutiva, se habla de resolver problemas. Por la forma en la que se definen los problemas para los que se aplican estas técnicas, en muchos casos es posible confiar en los resultados. En cambio, cuando se habla de vida artificial o autómatas celulares, normalmente se trata de representar y experimentar con diversos mundos artificiales, intentando extraer analogías válidas respecto de nuestro propio mundo real. Las limitaciones de estas simulaciones acostumbran a ser tan obvias que lo extraño es confiar en los resultados. Aunque las limitaciones no están en la vida artificial o en los autómatas celulares, sino en la naturaleza de las preguntas que estas simulaciones tratan de responder.

En general, el objetivo de las simulaciones orientadas a la representación es realizar analogías entre un mundo real y un mundo simulado, de forma que el autómata sirva para conocer mejor el mundo real. Existen varias áreas de estudio donde aplicar este tipo de autómatas. La mayor parte de estas aplicaciones pertenecen a uno de dos grupos, según se dediquen a buscar conocimiento sobre algún aspecto concreto de:

- la vida
- el Universo

Los temas pueden parecer demasiado vagos, generales o ambiciosos. Lo son. Se podría introducir un tercer apartado que fuera *"... y todo lo demás"*, parafraseando a Douglas Adams en su famosa serie de humor "Guía del Autoestopista Galáctico", donde se tratan con gran acierto muchos de los temas fundamentales en vida artificial.

Si bien es cierto que conceptos como "la vida" o "el Universo" se resisten a su definición, no son en absoluto despreciables como fenómenos susceptibles de estudio. La falta de definición se debe al desconocimiento acerca de la naturaleza del propio objeto de estudio, más que a una falta de definición en cuanto a lo que se quiere estudiar. Es decir, todos sabemos de qué se trata cuando preguntamos "¿qué es el tiempo?", "¿qué es el espacio?", "¿qué es la vida?", "¿qué es el azar?", aunque sigamos sin saber qué es el tiempo, qué es el espacio, qué es la vida y qué es el azar. Por otra parte, es posible estudiar aspectos muy específicos de la vida y el Universo, como ciertas teorías evolutivas, estrategias cooperativas, o interacciones entre partículas. Aunque no existe aún una respuesta satisfactoria a estos interrogantes, creo que las herramientas actuales ofrecen una buena oportunidad para lograr avances significativos en este sentido.

Veámoslo con un ejemplo. El programa "Hormigas y Plantas" de la aplicación "Ejemplos de Vida"[44] no está orientado a la resolución de un problema determinado, sino a la representación de un universo imaginario que pretende reunir de forma muy simplificada varios aspectos de nuestro universo real. El objetivo de esta representación es encontrar líneas de investigación interesantes, así como intentar falsar (demostrar la falsedad) de hipótesis de trabajo, mediante la analogía con nuestro universo real. El asunto concreto que aquí se estudia es el de la estabilidad de distintas estrategias de egoísmo, altruismo y cooperación.

---

[44] Disponible en www.redcientifica.com/gaia

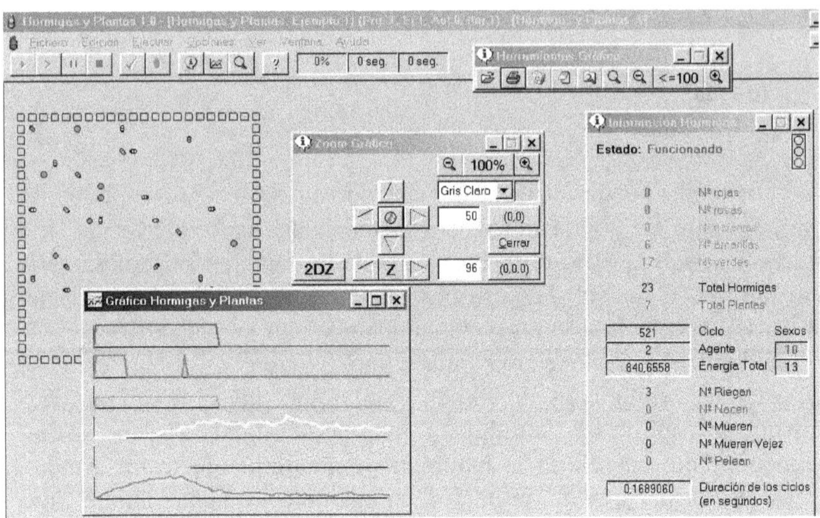

Figura. 3.1. El programa Hormigas y Plantas

En este programa se observan unas "hormigas" paseando por un mundo bidimensional, cooperando, peleando, y reproduciéndose entre ellas. Aunque se habla de "hormigas", el programa no pretende estudiar estos insectos, sino más bien la evolución de distintas estrategias que son posibles en este mundo. Por ejemplo, una estrategia para una hormiga podría ser: "Voy a pelear el 30% de las veces que me encuentre con otra hormiga".

Realizando experimentos con el programa se llega a la conclusión de que las poblaciones donde abundan los individuos con alta tendencia a poseer comportamientos egoístas, no son estables. ¿Es aplicable esta conclusión a nuestro mundo real?

No. No podemos aplicar esa conclusión a nuestro mundo real. Sin embargo, y sin dejar de ser escépticos, algo hemos avanzado. Cuando se trabaja con analogías, la validez de las conclusiones es difícilmente demostrable. Pero ésta no es razón suficiente para restarles importancia científica. Tal como comenta Norbert Wiener en Dios & Golem, S.A., *"Si bien es peligroso afirmar que existe una analogía con evidencias insuficientes, es igualmente peligroso rechazar una sin pruebas de su falta de congruencia"*. Para la tarea científica, que se asemeja a una búsqueda en un enorme espacio de estados, puede ser tan importante un hecho demostrado como un indicio prometedor.

El principal inconveniente de toda simulación es que requiere de una simplificación, y no es fácil obtener un criterio para decidir hasta qué nivel de detalle es preciso simular. Incluso en ciertos casos tal vez no sea posible decidir ni siquiera si existe o no dicho nivel, es decir, el nivel de detalle necesario puede ser tan profundo que no tenga sentido la simulación, pero ¿cómo estar seguros de que eso es cierto?

Por supuesto que este problema no sólo se da en la llamada vida artificial. Tal vez utilicemos una red neuronal o un algoritmo evolutivo para calcular el diseño de una red de telecomunicaciones minimizando los costes, y a la hora de implementar el modelo en la realidad, otros factores no contemplados (impacto ecológico, acciones de la competencia, dificultades administrativas, variaciones en el consumo) hagan disminuir la calidad de la solución propuesta. Esto lo saben perfectamente quienes han tratado de aplicar estos métodos a la predicción de variables económicas.

De todas formas, las simulaciones orientadas a la representación serán de utilidad. Describir algunos ejemplos de aplicaciones de este tipo ayudará a mostrar la forma de trabajar con ellas. En física teórica abundan las teorías que pretenden explicar un comportamiento complejo mediante la definición de las interacciones entre ciertos elementos básicos, con reglas relativamente sencillas. En estos casos, resulta útil realizar simulaciones, ya que en ellas es posible comprobar si efectivamente se produce o no el comportamiento complejo esperado. En el caso de tener éxito, estas simulaciones no demuestran la existencia de dichos elementos simples ni la veracidad de esas reglas relativamente sencillas, pero sí ofrecen una explicación del comportamiento complejo conocido y objeto de estudio.

Es decir, se ofrece una explicación, compatible con la experiencia y con las creencias vigentes, como alternativa a no poseer ninguna explicación del fenómeno. Una teoría puede ser, sin saberlo nadie, rigurosamente falsa, o si se prefiere, "no completamente cierta", y sin embargo ser útil.

Esto ocurre en la física, donde continuamente nuevas teorías reemplazan a otras. En algunos casos la vieja teoría no es abandonada y puede ser incluso más utilizada que la nueva, a pesar de haberse comprobado que no es absolutamente cierta. Es el caso de la teoría gravitatoria de Newton, que supone una acción instantánea de la gravedad, frente a la teoría einsteniana, donde la interacción gravitatoria se propaga a la velocidad de la luz. Por supuesto que la teoría newtoniana, definida con sus debidas restricciones es completamente cierta. Me refiero a que la teoría newtoniana como teoría general, sin restricciones, fue falsa, pero fue útil (y lo sigue siendo). Fue útil porque fue una explicación de un fenómeno, compatible con las creencias vigentes (personalmente incluyo dentro de "creencias" los resultados de los experimentos realizados para comprobar teorías, negando a los experimentos el carácter aséptico que habitualmente se les otorga), y no importa que más tarde se descubriera que era sólo un caso particular. Las teorías físicas actuales son útiles, y no parece aventurado suponer que se trata de casos particulares, que serán ampliados en el futuro. Dada la experiencia, lo aventurado sería suponer lo contrario.

De hecho, las teorías podrían no ser ni siquiera casos particulares, sino completamente falsas y requerir no sólo de ampliaciones, sino de una redefinición, de un nuevo punto de vista. ¿Por qué entonces tener que abordar únicamente teorías compatibles con TODOS los experimentos y con TODAS las creencias vigentes? ¿No tendría sentido desarrollar teorías que contradigan incluso hipótesis que se consideran fundamentales? Supongo que esta búsqueda no tiene mucho sentido para quien, asombrado del avance científico y tecnológico humano reciente, opina que "quedan como mucho uno o dos secretos a descubrir del Universo" y además, "está ya todo inventado", pero otros opinamos que globalmente, el Hombre, como entidad sensible, está aún muy lejos de evitar razonablemente el dolor. Aunque los avances en ciencia y tecnología sean significativos, y bienvenidos sean, su aplicación en beneficio de la felicidad humana se ve claramente deficiente.

El siguiente esquema refleja la ubicación de varios ejemplos de este tipo de aplicaciones de la vida artificial

Inteligencia Artificial
- o Enfoque Simbólico
  - Compiladores
  - Sistemas Expertos
- o Enfoque Subsimbólico. Simulación de sistemas complejos
  - Resolución de problemas: búsqueda, clasificación, predicción y optimización.
    - Redes Neuronales
    - Computación Evolutiva
  - Simulación de universos, falsación de hipótesis, Vida Artificial. (Filosofía, Biología, Sociología, Física)
    - ¿Qué es la individualidad?
    - ¿Es posible la cooperación?
    - ¿Puede perdurar una revuelta?
    - ¿Cómo funciona el universo?
    - ¿Qué son el tiempo y el espacio?
    - ¿Qué es el azar?

Dos ejemplos característicos dentro de "¿Qué es la vida?" son "¿Qué es la individualidad?" y "¿Es posible la cooperación?". Ambas preguntas, por la forma en que las he planteado, requieren de una justificación.

He preferido la interrogación "¿Qué es la individualidad?" a "¿Qué es la conciencia?" a pesar de que el mismo tema es más conocido por esta segunda definición. La razón es que el término "consciente" es un tanto confuso, tal como describe Agustín de la Herrán en su libro *La conciencia humana*.

Podemos identificar entidad consciente con aquella que procesa (lee o recibe; escribe o genera; y, opera con) símbolos, de tal forma que posee al menos un símbolo que representa a ella misma. Pero sería tal vez mejor utilizar la palabra autorreferente, ya que en el lenguaje común se sigue suponiendo que el ser consciente es algo más.

La autorreferencia ha sido tratada profusamente por Douglas R. Hofstadter en *Gödel, Escher, Bach. Un eterno y grácil bucle*. Algunos ejemplos de autorreferencia son dos espejos enfrentados, o el conjunto formado por una cámara de vídeo que está grabando lo que se muestra en un monitor que es precisamente la salida de esa misma cámara de vídeo, o lo que en programación se conoce como una función recursiva (que se llama a sí misma).

Si desechamos los espejos y el resto de ejemplos citados como seres conscientes, y en cambio aceptamos que el ser humano es el ser más consciente conocido, siendo el resto de los animales también conscientes, aunque más levemente, llegamos a que la característica fundamental del individuo consciente no es el ser autorreferente, sino el sentir esa autorreferencia, y la clave para comprender el sentir no está en aquello que se siente, que puede ser descrito mejor o peor, sino en quién lo siente, es decir, en la existencia de una individualidad receptora.

Haber elegido como segundo ejemplo de estudio dentro de "¿Qué es la vida?", la pregunta "¿Es posible la cooperación?" también requiere de una explicación. Se trata del estudio de la viabilidad de distintas estrategias que incluyen interacción entre individuos, como son las estrategias egoístas, cooperativas o altruistas. Hago hincapié en la búsqueda de la viabilidad de la cooperación porque implícitamente es lo que se está tratando de encontrar en la mayoría de los estudios. No es de extrañar, ya que la cooperación, si se cumplen ciertos requisitos, ofrece los mayores beneficios potenciales tanto a grupos como a individuos.

Si bien parece obvio que todos los investigadores pretenden mantener una objetividad que les permita predecir la evolución de las estrategias en un grupo sin que en ello afecten sus preferencias personales, también es evidente que la gran mayoría tratan de hacerlo con el objetivo de aumentar en lo posible el beneficio de futuras o hipotéticas comunidades, y me parece justo destacar esta realidad.

Autómatas y Azar: el Big-Bang, la física cuántica y las depresiones

Habitualmente se utilizan términos como "azar", "estocástico", "aleatorio" y "caótico" con un sentido un tanto confuso, por lo que voy a comenzar con varias definiciones, de forma que quede claro el sentido de los términos que voy a utilizar posteriormente.

Predicción: Afirmación acerca de un suceso futuro, asignando una confianza total a la afirmación.

Esperanza, Predicción Estadística o Predicción en forma de probabilidad: Afirmación acerca de un suceso futuro en forma de probabilidad.

Sistema caótico: aquel sistema tan sensible a las condiciones iniciales que pequeños cambios en el estado inicial se traducen en grandes cambios en el estado final.

Aleatorio: Impredecible, excepto en forma de probabilidad o esperanza. Para ser impredecible, debe ser sin causa. Sin embargo, el opuesto no es rigurosamente cierto: podría ser sin causa y predecible (aquello sin causa e inmutable). Sin embargo, en este último caso el concepto de causa se torna borroso: aunque el suceso no tenga una causa, al ser predecible, es posible identificar como causa el requisito indicado por su predicción.

Pseudoaleatorio: con causa, pero aparentemente impredecible, o impredecible en la práctica debido a la propagación de errores iniciales propia de un sistema caótico, pero predecible en forma de probabilidad o esperanza.

Determinista: con una causa, y por tanto, teóricamente predecible, si se conociera la causa. Suceso determinista es aquel que es efecto de alguna causa, producido como consecuencia de otro, cuya aparición es regida por una ley.

Proceso aleatorio: proceso cuyo resultado es impredecible, excepto en forma de probabilidad.

Proceso pseudoaleatorio: proceso cuyo resultado es aparentemente impredecible, excepto en forma de probabilidad.

Proceso determinista: Proceso en el que se suceden causas y efectos consecutivos. Proceso formado por sucesos deterministas, y por ello, su resultado es teóricamente predecible. En estas definiciones "Teóricamente predecible" quiere indicar que sería posible realizar una predicción cierta del resultado del proceso, suponiendo una disponibilidad ilimitada (infinita) de recursos del universo (tiempo, espacio, materia, energía).

Algoritmo: Procedimiento, secuencia de pasos.

Finito: Con un final, No infinito.

Cadena aleatoria: Cadena para la que no existe ningún algoritmo finito que comprima su descripción. Se ha de notar que un proceso aleatorio o pseudoaleatorio no siempre genera cadenas aleatorias, y puede generar cadenas deterministas.

Cadena pseudoaleatoria: cadena para la que aparentemente no existe ninguna forma de comprimir su descripción.

Cadena determinista: Cadena para la que existe un algoritmo finito capaz de comprimir su descripción, de forma que a partir de la cadena original y el algoritmo es posible obtener la cadena comprimida y por otra parte, a partir de la cadena comprimida y el algoritmo es posible obtener la cadena original.

Henri Poincaré trató el tema del determinismo en 1903 en su libro *Ciencia y Método*: *"Si conociéramos con precisión infinita las leyes de la naturaleza y la situación del Universo, podríamos predecir exactamente la situación de este mismo Universo en un instante posterior"*. Una predicción es una clasificación en la que interviene el tiempo, y puede tener una forma declarativa: "Hoy va a llover" o condicional: "Si llega Juan, María se marchará". Si el Universo no fuera más que partículas en movimiento, entonces cualquier suceso (movimiento de partículas) podría predecirse de forma condicional en función de otros sucesos anteriores (más movimientos de partículas).

Aparentemente esto es cierto. Para cualquier acontecimiento parece existir una causa, pero se pueden citar tres excepciones a esta regla:

- El *Big-Bang*.
- Los procesos cuánticos.
- Las depresiones.

El *Big-Bang* se conoce como el origen de nuestro universo, del tiempo y del espacio, la primera causa o la causa de todo lo demás. En la cadena de asociaciones, y de acuerdo con las teorías actuales, llegaríamos al primer instante del universo. Pero entonces, ¿cuál es la causa del *Big-Bang*? Siguiendo un razonamiento similar a este, San Agustín identificó a Dios como la causa primera, como el único acontecimiento sin causa. Es decir, la causa del *Big-Bang* sería Dios. Para no entrar a discutir el concepto de Dios, basta con rescribir la afirmación como "La causa del *Big-Bang* está fuera de nuestro universo", ya sea esta causa Dios o una fluctuación en el continuo de vete a saber que cosa que habita fuera de nuestro universo.

A fin de cuentas, el *Big-Bang* tal vez tuviese una causa. Lo que es seguro es que esa causa no podía encontrarse en nuestro universo, ya que todavía no existía (y ni siquiera tiene sentido hablar de un todavía, puesto que no "existía" el tiempo).

La definición que se ha dado de aleatorio, así como el resto de definiciones, hacen referencia implícita a nuestro universo. La definición se podría rescribir como:

Aleatorio: sin causa en nuestro universo, y por tanto, teóricamente impredecible en nuestro universo, excepto en forma de probabilidad.

La segunda excepción son los procesos cuánticos, para los que se ha demostrado, no sin polémica, que son impredecibles, y por tanto auténticos procesos aleatorios.

En cuanto a las depresiones, me refiero al fenómeno psicosomático, no a los accidentes geográficos. En ciertos contextos la definición propuesta para el término *depresión* exigía una alteración del ánimo sin causa. En lo que sigue me refiero a esta acepción del término y no a otras. Según esta definición, un estado anímico decaído, debido a un acontecimiento como la muerte de un familiar, no se considera depresión, sino una reacción normal[45]. Cuando no se puede encontrar razón es cuando se habla de depresión. Al encontrarse la causa, la depresión como tal desaparece.

---

[45] Me pregunto: ¿Es evolutivamente estable? ¿Es útil? ¿Es una petición de ayuda?

Existe una suerte de paralelismo entre la frase de F.Tejedor "La vida es corta porque uno se da cuenta tarde" y este cierto alivio de la depresión. En la frase de Tejedor existe la paradoja de que si uno se da cuenta de que la vida es corta, y actúa en consecuencia, la vida dejará de ser corta para esa persona. Por tanto, la forma de conseguir que la vida no sea subjetivamente corta es precisamente reconocer su brevedad. Pero ambos procesos se suponen graduales y simultáneos. Si la vida deja de ser corta, porque nos vamos dando cuenta de su brevedad ¿Cómo nos hemos podido dar cuenta de esa brevedad y negarla al mismo tiempo? De forma similar, un método de aliviar la depresión podría ser conocer su causa, pero entonces dejaría de ser depresión según la definición que exige la falta de causas. En este caso el conocimiento produce una redefinición que permite aliviar "aquello" aunque "aquello" sea cada vez una cosa distinta.

Las principales analogías entre las simulaciones de vida artificial y nuestro universo en cuanto al azar serían:

1. El *Big-Bang* corresponde con la inicialización "al azar" de las variables del modelo. A veces se fijan los parámetros conscientemente, en otras se usa una función pseudoaleatoria. En cualquier caso, la decisión está fuera del universo de la simulación. El programador se muestra efectivamente como "dios" y causa del *"Big-Bang"* de la simulación.

2. Los procesos cuánticos corresponden con aquellos detalles que se considera que no es necesario simular, sustituyéndose por una función aleatoria. De la misma forma que los procesos cuánticos son impredecibles para nosotros, los aspectos pseudoaleatorios de la simulación deberían ser impredecibles para los agentes que habitan en esa simulación. En la analogía, los procesos cuánticos que los hombres consideramos impredecibles corresponden con los aspectos de la simulación que dependen directamente de la función pseudoaleatoria. La función pseudoaleatoria de una simulación solo será buena si se muestra como realmente aleatoria para las entidades simuladas, de forma que no puedan predecirla ni explicita ni implícitamente. Por ejemplo, si estamos estudiando fenómenos de cooperación entre entidades simuladas que compiten por cierta comida que surge "al azar" en un espacio bidimensional según una distribución uniforme, las

entidades no deberían ser capaces de predecir dónde va a aparecer el próximo elemento de comida (a no ser que precisamente se busque este comportamiento, como es obvio). Ahora bien ¿Es posible estar seguros de que, implícitamente, las entidades no realizan cierto tipo de predicción, no a nivel individual, sino como grupo? Es decir, ¿podemos estar seguros de que los comportamientos cooperativos que estamos estudiando no están influidos por el hecho de utilizar una función pseudoaleatoria en vez de una realmente aleatoria?

3. Utilizando la definición que restringe a la falta de causas, las "depresiones" de las entidades de las simulaciones corresponderían con acciones por nuestra parte, negativas e impredecibles para ellas. Como programadores, daríamos a las entidades problemas (podríamos aplicar también la versión positiva, y darles ventajas) de tal forma que las entidades sean incapaces de encontrar su origen.

Discretización del tiempo en los autómatas

Hay un aspecto de la definición clásica de autómata celular que el programa "Hormigas y Plantas" de la aplicación "Ejemplos de Vida" no cumple. Típicamente, un autómata celular es una máquina de estados finitos que consiste en una cuadrícula de células en la cual la evolución de cada célula depende de su estado actual y de los estados de sus vecinas inmediatas. Se dice que en un autómata celular todos los autómatas simples o células pasan a la siguiente generación al mismo tiempo y según un mismo algoritmo de cambio que puede hacer variar su estado dentro de un conjunto limitado de estados.

En el programa de "Hormigas y Plantas" no ocurre exactamente así. Vamos a ver por qué, ya que la razón permite sacar a relucir el asunto de la naturaleza del tiempo en los autómatas. Se dice que en un autómata "todas las células pasan a la siguiente generación al mismo tiempo". Para que fuera posible hacer esto de forma literal, es decir, para que dos sucesos se produzcan, "a la vez" de forma literal, el tiempo debe tener una naturaleza discreta. Es decir, es necesario que el tiempo esté formado por ciertas unidades indivisibles. Si la precisión con la que se mide un intervalo de tiempo puede ser infinita, no parece posible controlar que dos acciones se den a un mismo tiempo, con infinita precisión.

Una discusión muy similar es la que propuso el filósofo griego Zenón en sus conocidas paradojas (o aporías), en torno al movimiento, como la de Aquiles que nunca alcanza a la tortuga, o la de la flecha inmóvil. Zenón negó la posibilidad del movimiento de una flecha en vuelo, ya que en cada instante la flecha aparece "congelada". Efectivamente, si la flecha tuviera que recorrer un número infinito de posiciones intermedias, la flecha nunca podría moverse. "Sí puede hacerlo", - rebatiría un matemático-. "Una flecha puede recorrer infinitas posiciones intermedias, con la condición de que únicamente se detenga un tiempo infinitesimal en cada una de las posiciones". Cierto, pero ¿son el infinito y el infinitesimal conceptos reales de nuestro universo, o tan solo abstracciones inexistentes?

No se trata de responder a estas preguntas, ya que están formuladas en términos de nuestro propio universo, que no controlamos. La discusión de Zenón estaba referida al universo del que formamos parte y del cual no somos dueños. Sin embargo, aquí se trata de dotar de movimiento a seres virtuales dentro de un universo virtual. Ahora nosotros sí somos los dueños, sí somos los constructores del universo virtual, y como tales, nos encontramos exactamente con el problema que Zenón anticipó antaño: "no podemos crear movimiento en un universo si éste no posee unidades discretas de tiempo". A esta afirmación habría que añadir la puntualización del matemático: "...a no ser que dispongamos de infinitos e infinitesimales".

Así ocurre, en efecto: no disponemos de infinitos ni de infinitesimales. Por tanto, en la construcción de autómatas, se discretiza el tiempo, y se definen lo que serán "unidades indivisibles de tiempo" dentro del universo de los autómatas.

Estas "unidades indivisibles de tiempo" no tienen por qué serlo para nosotros, pero sí lo serán para los habitantes de ese mundo virtual. Es decir, si una autómata pudiera preguntarse e investigar sobre la naturaleza de su propio tiempo, llegaría a la conclusión de que éste es discreto.

Todo lo anterior se puede resumir en el hecho de que la expresión "todas las células pasan a la siguiente generación al mismo tiempo" no se refiere a una apreciación estricta, sino a otra de índole práctica, que viene a significar "todas las células se comportan como si pasaran a la siguiente generación al mismo tiempo", lo que implica que "las células existen en un universo cuyo tiempo tiene una naturaleza discreta (compuesta por elementos indivisibles)".

Concluyendo, dados n autómatas o células

```
A1, A2, ..., An
```

que se encuentran en un "instante" o unidad mínima de tiempo `T=k` en los siguientes estados:

```
E1(T=k), E2(T=k), ..., En(T=k)
```

se trata de que los nuevos estados de cada uno de los autómatas en el siguiente "instante" `T=k+1`:

```
E1(T=k+1), E2(T=k+1), ..., En(T=k+1)
```

se calculen en función de los estados de los autómatas en el instante anterior `T=k`

```
E1(T=k+1) = f(E1(T=k), E2(T=k), ..., En(T=k))
E2(T=k+1) = f(E1(T=k), E2(T=k), ..., En(T=k))
E3(T=k+1) = f(E1(T=k), E2(T=k), ..., En(T=k))
...
En(T=k+1)=f(E1(T=k), E2(T=k), ..., En(T=k))
```

En la práctica, el autómata se implementa en un computador monoprocesador, o es resuelto con papel y bolígrafo por una única persona. En estos casos, el método consiste en calcular los nuevos estados de las células, almacenándolos en una memoria temporal, pero sin ser utilizados todavía. Una vez que se ha finalizado el cálculo de los nuevos estados para todas las células, entonces se modifican los estados de todos los autómatas, simplemente copiándolos de dicha memoria temporal. De esta forma se consigue que todas las células cambien de estado "a la vez".

Aquí viene el problema. No siempre es posible hacer esto. Hay casos en los que los estados futuros de dos autómatas son incompatibles. Si ambos se calculan por separado, y entran en conflicto ¿qué estado elegir? Esto ocurre con el espacio, es decir, cuando uno de los componentes del estado de un autómata es la posición. Vamos a ver cómo, si las posiciones de los autómatas pueden variar en el tiempo, una de las soluciones es que todas las células no pasen a la siguiente generación al mismo tiempo.

Imaginemos dos autómatas simples móviles, cada uno ocupando su correspondiente celda, separados por una celda vacía. En cierta generación ambos autómatas "ven" la celda vacía, así que pueden decidir moverse a la misma posición, con lo que en la siguiente generación existirá el conflicto de decidir cuál de los dos tiene derecho a ocupar la celda.

En realidad, no es necesario que los autómatas sean realmente "móviles". Podemos tener una rejilla de autómatas inmóviles y llamar "posición espacial" al estado de cada autómata, incluyendo la restricción de que dos autómatas no pueden encontrarse en el mismo estado.

El problema existe, tanto si el autómata es resuelto por una o cien personas, por uno o cien computadores. Se pueden tomar todo tipo de decisiones para resolver el conflicto:

- Permitir ambas acciones, haciendo posible la convivencia de dos autómatas en una misma celda.
- Permitir ambas acciones, haciendo desaparecer al primer autómata al ser ocupado por el segundo.
- Impedir ambas acciones: al detectar la segunda acción, inhabilitar la primera, deshaciéndola.
- Impedir el movimiento únicamente al segundo autómata, es decir, romper la norma según la cual "todas las células se comportan como si pasaran a la siguiente generación al mismo tiempo" y hacer que el segundo autómata detecte que el primero ya se ha movido, y prohibir su movimiento.

La primera la descarto por ignorar precisamente la restricción que se pretende implementar y que causa el conflicto. La segunda parece un poco arbitraria, ya que produce una desaparición de autómatas difícil de compensar con creaciones, pero podría ser interesante de investigar. La tercera parece tener sentido, se podría decir que los autómatas "chocan y rebotan", pero comparada con la cuarta es una complicación innecesaria, aunque también puede ser de gran interés en otros trabajos.

En el programa "Hormigas y Plantas" la decisión tomada ha sido esta última, por parecer la más consistente con el objetivo de la simulación y por su sencillez en programación, ya que para aplicar este método basta con utilizar, en vez de dos memorias, una sola, calculando siempre los nuevos estados en función de la información contenida en esta memoria.

La decisión por tanto es romper la norma según la cual "todas las células se comportan como si pasaran a la siguiente generación al mismo tiempo". Lo interesante es que con esta opción, si una autómata pudiera preguntarse e investigar sobre la naturaleza de su propio tiempo, seguiría llegando a la conclusión de que éste es discreto, dividido en "instantes", y que entre uno y otro "instante" se suceden "simultáneamente" multitud de acontecimientos en todo su universo (todo esto, recordemos, desde el punto de vista del autómata). Esto es debido a que el tiempo del procesador se reparte secuencialmente entre toda la "materia" existente en el universo virtual, y ni los autómatas ni las máquinas construidas por ellos podrán nunca hacer observaciones durante el tiempo en que no se están "ejecutando", con lo que todo el entorno, desde el punto de vista del autómata, podrá cambiar "de golpe", a intervalos discretos, aunque en realidad lo haya hecho secuencialmente. Efectivamente, para los autómatas existen "instantes" pero el comienzo y fin de cada "instante" es diferente para cada autómata.

La analogía de todo esto con nuestro universo se hace patente en la frase *ni los autómatas ni las máquinas construidas por ellos podrán nunca hacer observaciones durante el tiempo en que no se están "ejecutando"*. Trasladado a nuestra realidad, es decir, observando nuestro universo como un autómata, diríamos que ni los hombres ni las máquinas construidas por ellos podrán nunca hacer observaciones durante el tiempo en que no se están... *"¿ejecutando?"*. Tal vez, estas reflexiones sirvan para aventurar hipótesis que describan nuestro propio tiempo y espacio, de acuerdo con las creencias actuales.

Entremeses

A continuación les ofrecemos *El cronicón de la evolución*, también conocido como *Romance de Don Vacío y Doña Energía*.

Cuentan que en el Génesis
Don Vacío solitario
preguntose si podría
estar más acompañado

Y es que en esa época no había
¡nada! ¡ni tiempo, ni luz, ni espacio!
fijaos que aburrimiento:
¡ni fútbol, ni O.T., ni Gran Hermano!

Surgió entonces *Doña Energía*
bella fuerza acalorada
que en sus brazos cayó rendida
dulcemente enamorada

La pareja y sus pasiones
no pensaba en otra cosa
y ya se sabe, que no tomando precauciones
viene familia numerosa

Llegaron así días más alegres
aunque ni en domingo descansaban
porque que al cabo de nueve meses
nació la criatura esperada

La niña era *La Materia*
presumida y atolondrada
configurada en estructuras
que por capricho desmontaba

Don Vacío y Doña Energía
la miraron con interés
preguntándose si podrían
llegar ahora a fin de mes

Las partículas elementales
poco a poco se van juntando
compartiendo sus electrones
y sus cargas equilibrando

Se forman figuras curiosas
¡Caprichosa es la materia!
¡Cuanta longaniza, cuanta esfera!
¡Cuánto enlace, cuanta cosa!

La materia es caprichosa
y no le gusta ir despacio
poco a poco se nos queda
en pelotas el espacio

Ya regía aquel entonces
el movimiento rutinario
de los astros y los soles
y el inexorable calendario

¡triste suerte de funcionario!
anunciaba sin compasiones
que después del plácido domingo
llegaba el puñetero lunes

La materia se hace adolescente
en su cuerpo algo ha cambiado
Su prioridad es ahora
lucir un tipito más delgado

*"Mamá, quiero crear algo
que me diga que estoy guapa
que ya me aburro con estos átomos
y estas partículas desgastadas"*

*"Hija, te lo dije antes
y con paciencia te lo repito
deberás crear un replicante
para lucir ese palmito"*

*"Cuatro bases tiene
aquello que tu estás buscando
pero no sabes bien lo que se te viene
¡acuérdate del parque jurásico!"*

La niña materia, enamorada
en su empeño no cejaba
y como un dulce corolario
escribía en su diario:

*"El príncipe de mis sueños
aquel que mi vida llene
vendrá en la noche, cabalgando
en su cadena de A.D.N."*

Y así nacieron variados
por las mutaciones y los cruces
hongos, virus y bacterias
sapos, peces y avestruces

¡Aquello no paraba!
¡La célula se hace gusano!
Me quedo mirando una rana
y al rato la rana se convierte en pato

¡Que variedad de animales!
cada uno ocupando un nicho
menudo lío tenemos
¡esto está lleno de bichos!

Pero no todo era crecimiento,
no todo era explosión.
Se lamentaba algún fallecimiento
y alguna que otra extinción

Aunque la suerte haga que sobrevivan
unos mejores y otros peores,
los animales, a coro, opinan
que ¡ya esta bien de extinciones!

Parece que fueron meteoritos,
terremotos y glaciaciones
con tanto cataclismo, las especies dicen a gritos:
"¡bueno, ya vale, ya vale!
*que estamos hasta los co*****"*

Y así sigue su curso
la historia de la evolución
unos marchan, otros vienen
y dada la situación

un mono peludo se pregunta
y aquí, ¿que pinto yo?
El asunto no es en vano
complicada es la situación
mejor me como un plátano
y que sea lo que quiera Dios

Otro mono se pregunta
si estoy aquí, haciendo algo
aunque en realidad lo que más le importa
es saber que pasa cuando uno se queda calvo

Y aquí la historia se acaba
ya se ha hecho largo este cronicón
ya está bien de ceder la palabra
a Manuel de la Herrán Gascón

SEGUNDA PARTE

Subjetividad

4. Evolución

Cierto día me preguntaron: "¿De dónde vienen los seres vivos? ¿Y cómo es que hay tantas especies de seres vivos en la Tierra?"

Me gusta responder con bastante sinceridad a este tipo de preguntas. No con tanta sinceridad como para contestar: "no tengo ni la más remota idea", pero si con la suficiente como para evitar atosigar a mi interlocutor con mi propia opinión (en el caso de que la tenga), tratando de mostrarme lo más objetivo e imparcial posible.

En este, como en otros asuntos, no existen argumentaciones ni observaciones suficientes como para considerar a ninguna de las diversas teorías como razonablemente probada[46].

Por ello intenté transmitir la idea de que no es posible mostrarse objetivo en este asunto argumentando que no hay una respuesta única a este tema[47]. Unos tienen una respuesta, otros otra.

Como en casi cualquier discusión, cada uno piensa que tiene razón y que los demás están equivocados. La razón nunca podrá ser un bien económico, ya que jamás escasea. Todo el mundo tiene razón. Lo peor es que no existe un criterio único para seleccionar las, ya sean, genialidades o ingenuidades de unos, rechazando las de otros. Los concursos de méritos en este sentido, relativos a cuantas publicaciones tiene cada autor en su haber, cuántas veces ha sido referenciado o cuántas conferencias ha dictado sobre el tema son una aproximación nada despreciable. Me recuerdan a los entrañables campeonatos de levantamiento de peso.

A continuación muestro unas pocas posibilidades perfectamente coherentes. En mi opinión, ante una falta de suficientes evidencias, me niego a decantarme por una u otra.

---

[46] Sin duda esta es una apreciación subjetiva.

[47] Paradójicamente, esta era la única forma de mostrarse objetivo (imparcial) en este asunto: reconociendo que no es posible mostrarse objetivo (imparcial) en este asunto.

- *Respuesta 1*: La evolución no existe. Las especies son inmutables, salvo por pequeñas adaptaciones al medio. Los seres vivos fueron creados de una sola vez por Dios. El "mundo" o Universo (tanto da) tiene 8.000 años de existencia y no 4.600 millones de años y ni mucho menos, 15.000 millones de años. El *Big-Bang* nunca existió. Los fósiles de trilobites y dinosaurios fueron colocados por Dios para confundirnos, entretenernos o poner a prueba nuestra fe.
- *Respuesta 2*: Unos extraterrestres de Alfa Centauro[48] enviaron cohetes hacia nuestro sistema solar con moléculas replicantes y posteriormente fragmentos de ADN que se podían recombinar con los existentes y hacerlos evolucionar realizando cambios mediante infecciones víricas. Esto explica los aparentes "saltos" de complejidad evolutiva, todas las especies y la inteligencia humana. Nuestros amigos de Alfa Centauro buscan lugares habitables para ellos mismos y ahora están debatiendo si dejarnos en paz o venir a visitarnos, y en caso de venir, si exterminarnos o no, antes de que seamos nosotros mismos los que hagamos inhabitable el planeta.
- *Respuesta 3*: Al principio no había nada. La nada se aburrió de ser nada, se observó a sí misma y tosió. La tos fue el *Big-Bang* donde apareció la energía, la materia, el tiempo, el espacio, la gravedad y las leyes físicas. Todo ello se organizó a sí mismo en una dirección: el incremento de complejidad y consciencia. Al formarse el planeta Tierra, y gracias a una improbable pero sin duda posible reacción química, dentro de esta tendencia hacia la complejidad, se formó la primera forma de vida terrestre. Lamentablemente, poco tiempo después la Tierra fue alcanzada por un meteorito donde también habitaban pequeñas formas de vida congeladas, que exterminaron por completo a las formas de vida autóctonas alimentándose de ellas. En cualquier caso las formas de vida evolucionan, aparece la subjetividad, la sensibilidad, y la auto-percepción. La materia sigue evolucionando en la dirección del amor. En la Tierra como en todas partes. En el futuro, toda la humanidad y todos los seres vivos que conocemos se unirán en un único individuo llamado Gaia.

---

[48] El Sol y *Alfa Centauro A* son, aproximadamente, del mismo tamaño, color, temperatura y edad.

Computación Evolutiva y Vida Artificial

La Inteligencia Artificial (IA) no sólo consiste en idear algoritmos y estructuras de datos para solucionar problemas. También trata acerca de la inteligencia humana, y por extensión, sobre la vida. Dentro de la IA, la Vida Artificial ofrece algunos mecanismos de resolución de problemas muy eficientes y originales. Además, toma muy en serio sus aspectos más filosóficos.

¿Qué tienen estas simulaciones de fantástico? Podemos sentirnos una especie de dios, observando y modificando a nuestro antojo un mundo poblado por seres virtuales[49]. También es interesante jugar con la idea de que nosotros mismos somos las "hormigas", viviendo bajo los designios de El Programador[50]. Pero no se trata sólo de eso. Se trata de que la Vida Artificial ofrece una nueva perspectiva sobre los problemas que afectan a cualquier grupo, como por ejemplo, la humanidad.

Vida y Evolución

La Vida Artificial consiste en observar la vida natural e imitarla en un ordenador[51]. La Computación Evolutiva[52] interpreta la naturaleza como una inmensa máquina de resolver problemas y trata de encontrar el origen de dicha potencialidad para utilizarla en nuestros programas. Efectivamente, en la naturaleza todos los seres vivos se en-

---

[49] "Jugué a ser Dios y creé la vida en mi computadora". Ray, Thomas S. Emocionante relato que describe una de las primeras simulaciones de vida por ordenador. www.hip.atr.co.jp/ ~ray/ pubs/ spanish/ spanish.html

[50] Se encuentran referencias a esto al menos en estas obras:
- "Guía del Autoestopista Galáctico". Adams, Douglas. 1983. Editorial Anagrama.
- "Visitantes Milagrosos". Watson, Ian. 1987. Ed. grupo zeta.
- "El misterio de la isla de Tökland". Gisbert, Joan Manuel. 1981. Ed. Espasa-Calpe.

[51] Ver "Vida Artificial". Prata, Stephen. 1993. Ed. Anaya; y Swarm: multi-agent simulation of complex systems. Plataforma de desarrollo de vida artificial para Unix Linux GNU. www.swarm.org

[52] Guía del Autoestopista de la Computación Evolutiva ("The Hitch-Hiker's Guide to Evolutionary Computation") Heitkötter, Jörg and Beasley, David, eds. www.etsimo.uniovi.es/ ftp/ pub/ EC/ FAQ/ www/ top.htm

frentan a problemas que deben resolver con éxito, como conseguir más luz del sol, o cazar una mosca. Un programador con espíritu práctico no envidia la capacidad de la naturaleza para resolver problemas: la imita[53].

El origen de esta capacidad está en la evolución, producida por la selección natural, que favorece la perpetuación de los individuos más adaptados a su entorno. Esto es lo que tenemos que simular. La principal diferencia conceptual entre la selección natural (o que se produce sin intervención del hombre), y la selección artificial que nosotros establecemos nuestras granjas o en nuestros programas, es que la selección natural no es propiamente una selección[54]. Nosotros podemos seleccionar para la reproducción los seres que más nos interesan, ya sean las vacas más lecheras o los agentes software que mejor resuelven un problema. En cambio, en la naturaleza no existe -en principio- una inteligencia exterior que determine la dirección de la evolución. Y sin embargo la evolución sí se produce. Si efectivamente, no existe algo o alguien que controle la evolución de la vida en nuestro planeta, entonces nosotros mismos seríamos el ejemplo de un principio básico y universal: que la vida, la inteligencia, la consciencia y quién sabe qué otros tipos de complejidad en el futuro, son sucesos inherentes, inevitables y espontáneos de nuestro universo. A esto también se le ha llamado Darwinismo Universal[55], y supone que toda vida, en cualquier lugar, habría evolucionado por medios darwinianos.

El origen de la vida y el programa Tierra

El programa *Tierra*[56] es un ejemplo de cómo agentes software pueden evolucionar sin que sea necesaria una selección dirigida por una entidad externa. Tanto en este programa como en otros, existe

---

[53] "Algoritmos Genéticos". Holland, John H. Revista Investigación y Ciencia, Septiembre 1992.

[54] "Un siglo después de Darwin 1. La Evolución". Barnett y Otros. 1962. Alianza Editorial.

[55] "El gen egoísta". Dawkins, Richard. 1994. Salvat Ciencia.

[56] "Jugué a ser Dios y creé la vida en mi computadora". Ray, Thomas S. Emocionante relato que describe una de las primeras simulaciones de vida por ordenador. www.hip.atr.co.jp/ ~ray/ pubs/ spanish/ spanish.html

una serie de componentes software de algún tipo capaces de reproducirse y sufrir mutaciones. En un *Algoritmo Genético*, los agentes deben resolver un problema particular, pero en *Tierra* los agentes hacen poco más que reproducirse. El espacio de memoria limitado produce una selección natural, ya que sólo las mejores entidades podrán dejar descendencia en él. La existencia de pequeñas mutaciones aleatorias basta para generar agentes con características muy complejas, capaces de invadir o cooperar con otros agentes. Después de estudiar una de estas simulaciones, parece lógico suponer que en nuestro planeta haya podido suceder algo parecido. Está bastante extendida la idea de que las primeras entidades replicantes surgieron al azar, a partir de la combinación de elementos, y que la selección hizo el resto. Sin embargo Thomas Ray decidió que su programa comenzara con un primer agente capaz de copiarse a sí mismo, sin pretender que esta autocopia se produjera espontáneamente, como hizo Steen Rasmussen. Se plantea la cuestión de sí la probabilidad de aparición de los componentes básicos de la vida es demasiado baja para un solo planeta. Fred Hoyle[57] sugiere la existencia de un bombardeo de material genético del exterior, -ya sea con o sin entidad consciente detrás de ello-, lo que daría un mayor margen, al haber podido surgir este "primer replicante" en cualquier otro mundo. Además, esto solucionaría algunos otros problemas, como los aparentes "saltos de complejidad"evolutivos. Es sorprendente la aparición de órganos complejos como los ojos, que difícilmente han podido surgir de una evolución gradual si no proporcionan ninguna ventaja al individuo hasta que no se encuentran formados por completo. El lamarkismo, es decir, la transmisión genética de los caracteres adquiridos, está resucitando[58], y Máximo Sandín[59] ofrece otra interesante explicación a todas estas cuestiones mediante infecciones de tipo vírico capaces de afectar rápidamente a gran parte de la población.

---

[57] "El universo inteligente". Hoyle, Fred. 1983. Ed. Grijalbo.

[58] "Un siglo después de Darwin 1. La Evolución". Barnett y Otros. 1962. Alianza Editorial.

[59] "Lamarck y los mensajeros. La función de los virus en la evolución". Sandín, Máximo. 1995. Ed. Istmo.

La selección natural no es propiamente una selección

En mi opinión, la cuestión más apasionante de las difícilmente explicadas por el darwinismo es la de la aparición de sentimientos de placer y dolor en los seres vivos. Nosotros podemos asignar a cada agente una variable con un número llamada placer o dolor, pero no es necesario que la entidad tenga *realmente* esas sensaciones para que se comporte *como si* las tuviera. Tal vez podamos construir algún día robots que se comporten como seres humanos, pero ¿podremos hacer que sientan? Tal vez sí, tal vez no. La cuestión importante es: aunque pudiésemos, ¿Por qué hacerlo? ¿Por qué lo ha hecho la naturaleza con nosotros? Una cosa es la vida artificial como imitación de los procesos propios de la vida, y otra muy distinta es la recreación de su esencia.

Desde el punto de vista reduccionista, podemos pensar que "la recreación de su esencia" no es posible precisamente porque dicha esencia no existe, y la vida no es más que sus procesos. Como ya se ha comentado anteriormente, y tal como comentaba cierto día mi amigo Vicent Castellar *"¿Qué diferencia existe entre sumar uno más uno y simular que se suma uno más uno?"*. Ciertamente, es difícil de ver la diferencia. Si el universo fuese susceptible de ser descompuesto en unidades mínimas de espacio y tiempo, todo el universo podría considerarse como un gran sistema formal. ¿Que diferencia habría entre el universo real y otro universo copia del primero? ¿Que diferencia habría entre materia e información? ¿No sería lo mismo tener una unidad mínima de materia en cierta posición, que tener "algo" que se comportase como si fuera una unidad mínima de materia, en la misma posición? Lo mismo podemos aplicar a un cuerpo humano, cerebro incluido. ¿Que diferencia habría entre dos cuerpos así? (Además de la obvia: que ambas copias a pesar de ser idénticas, o bien no ocupan el mismo lugar del espacio, o bien no se encuentran en el mismo tiempo) ¿Serían dos personas o una?

Sin embargo, sí existe una gran diferencia entre "me duele el estómago" y "simular que me duele el estómago". Aquí aparece un componente cuya simulación no puede considerarse equivalente. Hay algo que no se puede simular: el sentir. ¿Tiene el sentimiento un origen evolutivo? Un árbol no tiene capacidad de sentir sensaciones (vamos a suponer esto), y en cambio una rana sí. El placer, el dolor, etc. parecen muy buenos mecanismos de supervivencia, pero realmente no hacen falta si el ser vivo es capaz de comportarse "como si" los tuviera. La rana busca la comida, como el árbol la luz; ambos realizan las acciones correctas gracias a siglos de evolución, aunque la rana sí siente hambre y el árbol no. ¿Por qué ha ocurrido esto con los animales? Los sentimientos probablemente sean mecanismos adicionales y potentes creados por y para los seres más complejos, que se deben enfrentar con problemas muy distintos, por ejemplo, por el hecho de ser móviles. Pero ¿realmente le resulta más fácil y económico a la naturaleza crear seres que realmente sienten, que seres que actúan como si sintieran?

En fin, las teorías sobre la vida y la evolución son difícilmente demostrables, y el debate es intenso. Podría parecer que estas cuestiones sólo atañen a los biólogos y filósofos, pero no es así cuando se trata de crear inteligencia en nuestros ordenadores imitando la forma en que lo hizo la naturaleza en nuestro planeta. Sin embargo, no podemos hacerlo sin más. Debemos captar al máximo la esencia de todo el proceso para evitar que nuestro ordenador tarde también millones de años.

Yo me propuse hacerlo en cierta ocasión, aunque debo reconocer que no obtuve los resultados deseados. Siguiendo los criterios de programación descritos en el primer capítulo, traté de desarrollar un *algoritmo evolutivo* que solucionara algo aparentemente tan sencillo como el juego del tres-en-raya. Me encontraba inicialmente muy ilusionado, habiendo leído en más de una ocasión acerca del *inesperado comportamiento de estas pequeñas creaciones, más inteligentes y capaces de lo que cabría esperar en un primer momento*, tal como hemos comentado en el segundo capítulo.

Mi gozo en un pozo. Recuerdo que quedé bastante molesto con el programa: aquello parece que aprendía, pero lo hacía muy lentamente, y lo que era más decepcionante, era posible observar cómo un *buen* jugador (desde mi punto de vista) era eliminado en un golpe de mala suerte. Unas veces pensaba que mi ordenador era demasiado lento; otras imaginaba que tal vez hubiera algún error en el código que sólo se activara en raras ocasiones, y dedicaba largas horas a la caza del hipotético *bug*. También supuse que el tipo de algoritmo que usaba podría ser demasiado simple, por lo que introduje sucesivas mejoras e intentos de optimización no siempre exitosos. En ningún caso pensé que la teoría que sustentaba el experimento era incorrecta y de todo ello extraje una hermosa lección acerca de las dificultades con las que se encuentra el trabajo realizado con actitud científica, ya que, me comporté exactamente igual que en el chiste: *"Si el experimento no corrobora la teoria* [que todos admiten]*, se debe descartar... el experimento."*

Egoísmo, Cooperación y Altruismo

La evolución tal como nos la presenta el darwinismo o la Computación Evolutiva puede parecer a simple vista un proceso descarnado, egoísta y cruel. Para algunos, los Algoritmos Genéticos son la confirmación matemática de lo inevitable del egoísmo en el mundo. Otros expresan su disconformidad ante esta concepción de las relaciones entre individuos, y confían intuitivamente en el triunfo de la cooperación. Otros, entre los que me incluyo, llegamos a la misma conclusión a través de la observación del mundo real y de las simulaciones por ordenador. Como describió Teilhard de Chardin, a grandes rasgos, la cooperación sólo puede aumentar.

¿Tiene el altruismo un lugar en la evolución humana o acaso es eso lo que queremos creer? ¿Podemos investigar esto con un ordenador? Vamos a analizar diversas teorías alternativas o complementarias que explican la evolución de los seres vivos, y dentro de ellas vamos a ver el papel que tiene o puede tener la cooperación, relacionándolo todo con las simulaciones de vida por computador, es decir, con la Computación Evolutiva y la Vida Artificial.

Antes de continuar quiero aclarar que no estoy discutiendo la ética de los diversos comportamientos, sino analizando por qué algunos o una combinación de ellos son seleccionados en la evolución. Para saber cuáles son los seleccionados, basta con mirar a nuestro alrededor, ya que nosotros y el resto de los seres vivos somos producto de ella. Aún así no debemos olvidar que el proceso evolutivo es algo dinámico. Hoy se selecciona una cosa, mañana otra, y en un momento cualquiera conviven estrategias adecuadas con otras destinadas a desaparecer. El hombre seguirá evolucionando, no sabemos hacia dónde. Tal vez sea lo suficientemente diferente como para dar un giro radical al proceso, tal vez no. Sin embargo, tenemos algunas pistas: la evolución selecciona aquellas características que aportan a los individuos una mayor probabilidad de tener descendientes capaces a su vez de tener más descendientes y así sucesivamente. Si cualidades como la vista, el olfato, la agilidad, el tamaño, la fuerza, la posesión de colmillos, el aspecto colorido o la capacidad de alimentarse de dietas muy variadas han sido seleccionadas hasta ahora, en lo que respecta a los humanos, los criterios parece que son y van a ser muy distintos.

¿Son los que más dinero tienen los que más descendencia dejan? Aunque exista una relación (con importantes excepciones de efecto opuesto), hay otros factores: el atractivo sexual en los humanos parece aún mucho más importante que en los animales. La inteligencia parece también fundamental, pero podría ocurrir con la inteligencia o con el dinero lo que ocurrió con el tamaño. En principio para un animal parece que es mejor ser más grande que los demás. Pero la ventaja que aporta el tamaño tiene un límite ante ciertos acontecimientos, tal vez ante la caída de un gran meteorito, y esta pudo ser la razón de la extinción de los dinosaurios. Las cualidades por tanto, no son positivas ni negativas de forma absoluta, sino de forma coyuntural. Lo que en un contexto es ventaja puede ser inconveniente en otro y viceversa. Evolutivamente, para los humanos, tener algún "defecto"[60] físico no es importante, siempre que se pueda remediar con unas gafas, o con una simple operación, pero en el resto de los animales siempre lo ha sido. La operación de cesárea impide la existencia de una selección en función de varios problemas en el embarazo, por lo que en el futuro puede ser inevitable que todos los niños nazcan así, sobre todo si las caderas mejor formadas desde el punto de vista reproductivo dejaran de ser las de mayor atractivo sexual, cosa que al menos por el momento no parece haber ocurrido fuera de las pasarelas de moda.

El que crea que en la evolución "todo tiende a ir siempre a mejor", deberá aceptar que los criterios humanos de "lo que es mejor" no son siempre los mismos que los de la naturaleza. El que piense que la evolución no tiene una dirección determinada, deberá admitir que en muchos casos lo seleccionado corresponde con lo que nosotros llamamos "mejor". El criterio de la naturaleza es sencillo, pero aporta poca información al problema: se selecciona lo que sobrevive, es decir, sobrevive lo que sobrevive... aunque suene absurdo. Lo que ocurre con esta extraña afirmación es que no predice lo que va a sobrevivir. No lo sabemos. Simplemente estamos definiendo el fundamento de la evolución... y resulta que nos encontramos con algo tan

---

[60] Insisto: se trata de algo coyuntural. Lo que es inconveniente en unos contextos, en otros puede ser una ventaja decisiva.

fundamental y omnipresente como el espacio, el tiempo, la materia y la energía; como el principio de identidad A=A o como el *modus ponens* causa-efecto.

Un poco de Historia

La técnica de programación de computadores conocida como *Algoritmos Genéticos* basa su funcionamiento en el principio de la Selección de las Especies, lo que hoy conocemos por *Darwinismo*. El Darwinismo tiene su origen en los trabajos de Alfred Russel Wallace sobre la tendencia de las variedades de seres vivos a apartarse del tipo originario, y por supuesto, también en los trabajos de Charles Darwin. Se dice que los escritos de Wallace fueron leídos por Darwin creando un fuerte impacto e interés en él, y se habla de la falta de decoro que supuso la lectura de los trabajos de Wallace en último lugar durante la primera sesión de la Sociedad Linneana, el 1 de julio de 1858, después de la lectura de varios resúmenes de Darwin, aún habiéndose acordado lo contrario.

En cualquier caso, Darwin se puso a trabajar de inmediato en su famoso libro "El origen de las Especies", que apareció en 1859. Anteriormente a esto, otras importantes contribuciones fueron la teoría de Jean-Baptiste de Lamarck y los estudios de Geología de Charles Lyell (basados en los de James Hutton), donde se ofrece una explicación de cómo la selección natural puede imprimir variaciones dañinas en una especie, y en los cuales se cree que se basó el trabajo posterior de Edward Blyth sobre la existencia de una estructura genética característica en toda forma viviente.

Lamarck fue el primero en formular una teoría de la evolución con coherencia lógica, según la cual existe transmisión de los caracteres adquiridos de padres a hijos. Esta teoría hoy se considera incorrecta; aunque algunos autores, como Donald Michie, en el artículo "La tercera fase de la genética" sugiere y presenta ejemplos que indican que el plasma germinal debe poseer alguna vulnerabilidad frente a las influencias procedentes del cuerpo que lo alberga. También Máximo Sandín en el libro "Lamarck y los mensajeros. La función de los virus en la evolución" (1995) y posteriormente junto con Guillermo Agudelo y José Guillermo Alcalá en "Evolución: Un nuevo paradigma"

(2003) señala notorias lagunas de la teoría darviniana, ya reconocidas por el mismo Charles Darwin.

Bien, hasta ahora ha aparecido bastante gente, pero todavía hay más. El darwinismo está también muy influido por la obra del economista inglés Thomas Robert Malthus, autor de "Ensayo sobre el principio de la población" donde expuso sus doctrinas sobre el crecimiento de la población. Dada la elevada tasa (geométrica) de reproducción de todos los seres orgánicos, su número tiende a crecer a ritmo exponencial, y dado que los alimentos, espacio físico, etc. no lo hacen en la misma proporción (crecen de forma aritmética o lineal), y mientras esto ocurra, nacerán muchos más individuos de los que es posible que sobrevivan, y en consecuencia, como sea que generalmente se recurre a la lucha por la existencia, ya sea con individuos de la misma especie o de especies distintas, o simplemente con el entorno, intentando modificar sus características adversas, se desprende que un individuo, si actúa de un modo provechoso para él, tendrá una mayor probabilidad de sobrevivir, y será seleccionado naturalmente. En resumen, que sobreviven los más fuertes, los mejores, los más adaptados.

Darwinismo

La teoría de la selección de las especies sostiene que aquellos individuos de una población que posean los caracteres más ventajosos dejarán proporcionalmente más descendencia en la siguiente generación; y si tales carácteres se deben a diferencias genéticas, que pueden transmitirse a los descendientes, tenderá a cambiar la composición genética de la población, aumentando el número de individuos con dichas características. De esta forma, la población completa de seres vivos se adapta a las circunstancias variables de su entorno. El resultado final es que los seres vivos tienden a perfeccionarse en relación con las circunstancias que los envuelven. En conclusión: la población cambia (evoluciona) hacia la figura del mejor adaptado al contexto.

Nadie pone en duda el hecho de que las especies evolucionan, en el sentido de que "cambian". Sin embargo, existe una discusión acerca de cómo lo hacen, por qué lo hacen, y hacia dónde se dirige la evolución. Las respuestas a estas preguntas no dejan indiferente al filósofo; tampoco al programador de Algoritmos Genéticos.

La teoría de la selección de las especies argumenta que la evolución de los seres vivos en la naturaleza, (de la cual nosotros somos su fruto), se produce gracias a la competencia y la lucha entre los individuos. Este es el "cómo"; y aparentemente el mismo argumento ilustra el porqué (más adelante se ofrecerá otra visión): Los seres vivos evolucionan porque no pueden dejar de hacerlo: los seres vivos pueden tener o no esta actitud de competencia, tal vez puedan decidir si participar o no en estas luchas de unos contra otros, pero en cualquier caso los que no luchen morirán o se reproducirán en menor grado, por lo que un comportamiento pacífico tenderá a desaparecer. En cuanto a la vida, la explicación más sencilla es que se creó al azar y que su objetivo es obtener individuos cada vez más perfectos y poderosos.

Darwin incluso intenta probar que la evolución es la divina providencia de la naturaleza, e intenta justificar lo que a los ojos del hombre parece éticamente incomprensible; en palabras de Darwin *"cuando meditamos sobre la lucha, podemos consolarnos con la creencia de que la guerra de la naturaleza no es continua, que no se siente miedo, que la muerte es generalmente rápida y que los vigorosos, los sanos y los felices son los que sobreviven y se multiplican"*.

Darwinismo Social

Las conclusiones que se pueden extraer de esto para su aplicación en la vida real parecen muy peligrosas si se aplican al ser humano (¡Sobre todo si nuestras premisas resultan ser falsas!); hoy en día constituyen un argumento fundamental para defender la competitividad económica propia del mundo occidental. A esto se le ha llamado Darwinismo Social, que hoy en día se lleva a la práctica en gran parte de una forma supuestamente civilizada a través de decisiones políticas o comerciales, como bloqueos económicos, en vez de con dientes y garras tal como hacen los animales. Actualmente cada vez se utilizan menos estos argumentos para justificar actitudes física y directamente violentas, aunque sí existen tristes ejemplos de masacres y fanatismos raciales en el presente. Sin embargo, sí se están utilizando en gran medida para defender políticas económicas y comerciales de países o empresas, e incluso estos argumentos son utilizados en conflictos a nivel personal, apelando a supuestas leyes de la naturaleza con frases como "es ley de vida" que no son más que una forma encubierta de la misma lucha por la supervivencia, sin dientes ni garras pero igual de mortal, o el "matar o morir", todo ello en línea con el concepto de superhombre atribuido a Nietzsche.

Críticas al Darwinismo Social

¿Es esto verdad? ¿Es cierto que el hombre ha evolucionado a partir de la violencia? ¿Es cierto que sólo puede seguir evolucionando de esa manera? ¿Dejarían de evolucionar los animales si fueran pacíficos? Hay que aclarar que Darwin poco tiene que ver con el darwinismo social, y que he mostrado una visión del darwinismo intencionadamente extrema (Wallace y Darwin me perdonen) pero acorde con el criterio predominante actual. ¿Que quiero decir con esto? Que una cosa es decir que las especies (las sucesivas generaciones de seres vivos) se adaptan progresivamente al medio, y otra distinta es decir que "estar adaptado al medio" consiste en comportarse de forma agresiva y egoísta. Una cosa no implica la otra.[61]

Por lógica, podemos descartar las respuestas extremas. Ni el completo egoísmo, ni el completo altruismo ofrecen buenos resultados al individuo. Entre los diversos comportamientos humanos, existe uno muy interesante en el que se combina un deseo de comportamiento altruista unido a una actividad egoísta. ¿Puede existir un origen evolutivo a la necesidad de justificarnos?

Las críticas a la aplicación del darwinismo a la sociedad humana no se hacen esperar. Se argumenta que el Darwinismo aplicado sin más al Hombre es una interpretación errónea e interesada, que probablemente no fuera defendida por Wallace ni por Darwin, y que no existe en la vida real. En primer lugar, el darwinismo puro requiere una escasez grande, una falta de recursos tal que obligue a los individuos a competir. Para ello presupone que la población crece de forma exponencial y los alimentos de forma lineal, lo que no es o no tiene por qué ser así en el caso del Hombre, ya que por una parte existe el control voluntario de la natalidad (incluso animales como el canguro

---

[61] Insisto en que la adaptación es coyuntural, depende del contexto, y pensemos que, a medida que mayor cantidad de materia se va convirtiendo en materia viva, el contexto estará formado en mayor medida, por otros seres vivos. De igual forma, a medida que mayor cantidad de seres vivos se hacen conscientes, el contexto estará formado en mayor medida, por otros seres conscientes.

son capaces de controlar su reproducción y dejar de multiplicarse cuando las condiciones del medio ambiente son adversas), y por otra tenemos la revolución industrial, la revolución informática y la colonización del espacio, que permiten que los alimentos sigan el ritmo de crecimiento de la población. El Darwinismo Social presupone también que los más fuertes y preparados son los que más se reproducen, y esta es una norma mucho más habitual en los animales que en el ser humano. En definitiva, se afirma que el darwinismo explica la evolución de plantas y animales hasta llegar al hombre, pero no puede explicar la reciente ni la futura evolución de éste. Por ello muchos autores sugieren que la evolución tal como la conocemos se detuvo, según unos, con el descubrimiento del fuego, según otros, con los primeros controles de natalidad voluntarios, y que a partir de ese momento el hombre ha evolucionado y evolucionará de otra forma, tal vez de forma consciente (mediante ingeniería o manipulación genética), tal vez con otro mecanismo que no sea el genético.

Desde el punto de vista del programador de Algoritmos Genéticos, la falta de variedad es un inconveniente. En un Algoritmo Genético se seleccionan las entidades que mejor resuelven el problema, pero también se seleccionan otras con peores resultados cuya composición es distinta a la de los vencedores. Si no se hiciera esto, el algoritmo se estancaría en una población del tipo de los vencedores, que se reproducirían unos con otros sin generar más variedad que la que aporten las mutaciones, de forma que por una parte, no será posible resolver un problema cambiante (o sería muy improbable), y por otra, si existieran otras soluciones mejores que la encontrada, no se podría llegar a ellas. Todos los algoritmos genéticos que "funcionan" (excepto los que resuelven problemas extremadamente sencillos) implementan alguna forma de selección que permita la variedad, de forma que se evite en lo posible que el algoritmo se estanque en un máximo local.[62]

El equivalente biológico es obvio: una población homogénea es mucho más propensa al exterminio que una población cuyos individuos posean características diversas, aun cuando algunas de ellas no correspondan a una buena adaptación al medio, y precisamente por esto. La variedad permite a la especie adaptarse a los cambios y sobrevivir.

---

[62] Aunque en definitiva todos los algoritmos acaban tarde o temprano estancados en un máximo local, ya que si no, no se obtendría nunca ningún resultado.

Teilhard de Chardin ofrece una visión esperanzadora, positiva y pacificadora de la evolución, viendo en ella sucesivas etapas de destrucción ("muerte", sin el sentido negativo que habitualmente se atribuye a esta palabra) y construcción de algo mejor sobre lo destruido ("vida") que producen incrementos de complejidad y de conciencia, estando el ser humano compuesto inicialmente por un componente corporal o somático (animal) al que la evolución ha agregado lo cerebral, intelectual y psicológico (racional), y que se encuentra evolucionando hacia y adquiriendo el tercer componente teónico o noosférico (espiritual), y quién sabe qué otros componentes en el futuro.

El apoyo mutuo

Pedro Kropotkin, en su libro "El apoyo mutuo"[63] resalta la importancia que ha podido tener la cooperación en la evolución, sin negar el componente evolutivo en la forma darwinista "clásica".

Herbert Spencer, quien, antes de Darwin había esbozado ya un plan de un vasto sistema de filosofía sintética, extendió la idea de la evolución por una parte a la materia inorgánica, y por otra, a la sociedad y a la cultura. Para él, la lucha por la vida (*struggle for life*) y la "supervivencia del más apto" (expresión que usaba desde 1852), representan no solamente el mecanismo por el cual la vida se transforma y evoluciona, sino también la única vía de todo progreso humano. Sienta así las bases de lo que se llamará el Darwinismo Social, con influencias posteriores en el capitalismo feroz manchesteriano y en el racismo. Thomas H. Huxley, discípulo fiel de Darwin, publica, en febrero de 1888, en la revista *The Nineteenth Century* un artículo que, como su nombre indica, es todo un manifiesto del Darwinismo Social: *"The Struggle for Life: A Programme"*. Kropotkin queda conmovido por este trabajo, donde ve expuestas las ideas sociales contra las que siempre había luchado, fundadas en las teorías científicas a las que consideraba como culminación del pensamiento biológico contemporáneo. Reacciona, y pretende refutarlo con una serie de artículos que van apareciendo en *The Nineteenth Century* y que más tarde se convertirían en el libro "El apoyo mutuo. Un factor de evolución".

Kropotkin destaca que la supuesta "incansable lucha sangrienta" por los recursos no es tan frecuente como Darwin nos hace imaginar,

---

[63] Kropotkin, Pedro. (1970) El apoyo mutuo. Ediciones Madre Terra,

existiendo otros tantísimos ejemplos de colaboración entre los individuos agrupados en manadas, familias etc. Kropotkin observa que en los animales no es tanta la lucha por la supervivencia de unos contra otros como la lucha por la supervivencia contra un entorno hostil, por ejemplo, en el caso de unas aves que en invierno y ante la escasez de alimentos deciden emigrar en grupo a otras tierras, en lugar de luchar entre ellas por un escaso alimento.

Para que exista evolución es necesaria una selección (de los mejores), y para que exista dicha selección, los recursos deben ser escasos, no infinitos. Kropotkin está de acuerdo con esto; es más, Kropotkin está completamente de acuerdo con el darwinismo. Pero añade un matiz: *el apoyo mutuo*. Debe quedar claro que se habla del apoyo mutuo como un factor de evolución, no el único ni el más importante.

Ya que unos individuos serán seleccionados y otros no, este simple hecho se puede expresar como "los individuos compiten" (por ser seleccionados). La metáfora es válida, pero puede malinterpretarse, porque puede suponerse más de lo que se dice.

Veámoslo con un ejemplo: si queremos hacer una ensalada de tomates, podemos ir a una tienda y comprarlos. Intentaremos llevarnos los mejores tomates: podemos decir que los tomates en la tienda "compiten por ser seleccionados". La metáfora puede ser válida, pero los tomates no se mueven, no pelean entre ellos, y no se arrebatan recursos. Si pensamos en los tomates en la tierra en su fase de crecimiento, la metáfora es mucho más acertada. La clave ahora está en cuál es el criterio para seleccionar tomates: ¿se va a seleccionar un número fijo? ¿Se van a seleccionar aquellos que cumplen ciertas características, sean cuantos sean? ¿Una combinación de ambos factores?[64]

Pasemos ahora al caso general de la naturaleza: Kropotkin argumenta que los límites a la multiplicación excesiva son mucho más frecuentemente los obstáculos naturales, y no el resto de los individuos.

La conclusión que se obtiene de aquí es que la cooperación se da mas fuertemente en situaciones de adversidad, y la competencia en el caso de habitar en un entorno benévolo. Son dos caras de una misma moneda: un entorno "malvado" genera bondad, y un entorno "bueno"

---

[64] A los estudiantes esto les recordará a las dos formas de determinar los aprobados y los suspendidos: mediante una prueba individual o mediante la odiada "campana de Gauss".

genera maldad ¿Se tenderá por tanto a una distribución determinada de "buenos" y "malvados"? ¿O a unos individuos con cierta probabilidad de mostrarse como "buenos" o como "malvados"?

Tal como relata Kropotkin, en la naturaleza los animales viven por lo general en entornos de gran adversidad, y por tanto la mejor opción es la colaboración y no la competencia. Dawkins señala en "El gen egoísta"[65] que *los animales salvajes casi nunca mueren por edad avanzada. El hambre, las enfermedades o lo predadores acaban con ellos mucho antes de que se tornen realmente seniles. Hasta hace poco esto era también aplicable al hombre. La mayoría de los animales mueren en la niñez, y muchos de ellos no llegan a superar la etapa embrionaria."* Parece ser que la gran mayoría de los seres vivos mueren de hambre, o a causa de cambios de temperatura, en muchísimos casos poco tiempo después de nacer, en una lucha contra el entorno, pero no contra otros de su misma especie. Si nos fijamos en el número de crías que nacen por año de una especie, es evidente que la mayoría de ellas no sobrevive muchos años.

Los antropólogos citan como pueblos que nunca han hecho la guerra a los habitantes de las islas Andamán, cerca de la India; los *shoshoni* de Nevada; los *yahgan* de Patagonia; los indios *mission* de California; los *semai* de Malasia y los *tasaday* de Filipinas. Ejemplos de pueblos que se encuentran casi constantemente en guerra son mucho más fáciles de encontrar, destacando dentro de estos últimos los que se encuentran sistemáticamente en guerra por razones humanitarias.

Para Kropotkin la escasez de población animal es la situación normal en el planeta, y el número de animales existente en un área determinada no depende de la capacidad máxima de abastecimiento, sino precisamente de lo que es capaz de ofrecer en las condiciones menos favorables, *"en los veranos secos cuando toda la hierba se quema"*.

En lo político, para Kropotkin *el estado* es una entidad que perjudica el desarrollo del apoyo mutuo. Al absorber el estado las funciones sociales, se incrementan los deberes de los ciudadanos hacia el estado (en forma de impuestos) en decremento de los deberes hacia el resto de ciudadanos. En la guilda de la Edad Media, dos "hermanos" debían cuidar por turnos al hermano enfermo. Con el estado, basta con dar al compañero la dirección del hospital público más próximo. En la sociedad "bárbara" presenciar una pelea entre dos personas por

---

[65] Dawkins, Richard. (1994) El gen egoísta. Salvat Ciencia. (Pág. 147)

motivos personales y no preocuparse de que no tuviera consecuencias fatales significaría atraer hacia uno mismo la acusación de homicidio, pero de acuerdo con el estado que todo lo vigila, el que presencia una pelea no tiene necesidad de intervenir, puesto que para eso está la policía. Cuando entre los salvajes -por ejemplo, los hotenontes- se consideraría inconveniente ponerse a comer sin haber hecho a gritos por tres veces una invitación a quien pudiera unirse al festín, entre nosotros el ciudadano respetable se limita a pagar un impuesto para los pobres.

Aunque objetivamente y a corto plazo el resultado obtenido sea similar con estado o sin él, o tal vez en unos casos mejor y en otros peor, sin duda con estado se obtiene una mayor tendencia a que el ciudadano centre más atención en su felicidad individual que en las necesidades ajenas.

En algunos insectos como las hormigas comprobamos que ha evolucionado la estrategia contraria. Las feromonas son hormonas capaces de salir del cuerpo, circular por el aire y de penetrar en otro cuerpo. Cuando una hormiga experimenta una sensación, la emite por todo su cuerpo y todas las hormigas de los alrededores la perciben al mismo tiempo que ella. Una hormiga estresada comunica al instante su pena al entorno, de suerte que éste solo tiene una preocupación: que cese el penoso mensaje encontrando un método para ayudar al individuo.

Ética

Para Fernando Savater, aspectos éticos como el respeto hacia los demás son actitudes cuyo origen es en última instancia la búsqueda inteligente del beneficio propio. Las simulaciones por ordenador parecen darle la razón. En juegos como El dilema del prisionero, se observa que el altruismo es perjudicial para el que convive con individuos egoístas, pero el egoísmo necesita a quien explotar a largo plazo, por lo que ambas son estrategias destinadas a desaparecer. Son los pactos propios de la cooperación los que ofrecen los mejores resultados.

En concreto, experimentalmente se comprueba que en el juego iterado del prisionero, la mejor estrategia es la de "rencoroso" (o "donde las dan las toman"), que comienza cooperando y después hará lo que su oponente haya realizado en el movimiento anterior: si cooperó, cooperará de nuevo, y si le traicionó, le traicionará, lo que supone una cooperación condicional (coopero si tu también lo haces) teniendo también buenos resultados otras variantes con más o menos "memoria" del pasado ("coopero si tu también lo has hecho al menos las últimas cinco veces"). En el programa de "Hormigas y plantas" de "Ejemplos de Vida"[66] se observa la ventaja que supone la cooperación propia de las altruistas hormigas verdes.

A pesar de estos ejemplos, las críticas al Darwinismo Social son a su vez criticadas por guiarse más por los deseos que por la lógica, diciendo que son el resultado de muchas y nobles buenas intenciones pero faltas de realismo, manteniéndose una calurosa polémica sobre el tema.

La ética y las leyes podrían ser en realidad manifestaciones de estos pactos de cooperación que la evolución selecciona como útiles para nuestra propia supervivencia. En cualquier caso, la ética y las leyes están sujetas a evolución como si de seres vivos se tratase. Sobreviven y se reproducen aquellas normas éticas o leyes mejor adaptadas al entorno donde se desarrollan, y ese entorno somos, en parte, nosotros mismos. El hecho de que las leyes y éticas estén sujetas a evolución no quiere decir que sean justas. Una norma ética ni siquiera tiene que estar relacionada con algo que esté "bien". El porqué de esto tiene que ver con el hecho de que la frase con la que comienza este párrafo, a pesar de ser cierta, no es completa. También podemos decir que "La ética y las leyes podrían ser en realidad manifestaciones de pactos de cooperación que la evolución selecciona como útiles para la propia supervivencia de esas mismas éticas y las leyes".

> "La voz de la conciencia que atormenta a los adultos rara vez es originada por intercambios comerciales beneficiosos para uno mismo y perjudiciales para el otro. Pocas personas se lamentan por haber vendido algo a un precio mayor del que realmente vale. Más bien al contrario. Pero muchos sufren un conjunto de tabúes sexuales puritanos inculcados en la niñez, morbos originados por la enfermedad espiritual de los educadores, que individualmente en nada benefician a quien los posee, aunque le permiten una aceptación social que en ciertos casos puede ser imprescindible. Como un catarro o una gripe, la mojigatería se transmite de unos a

---

[66] www.redcientifica.com/gaia/

otros, perjudicando al individuo pero sin llegar a su destrucción"[67]. (Erich Fromm).

Críticas Globales al Darwinismo

José Antonio Jáuregui, en "El ordenador cerebral"[68] también critica el darwinismo aunque de forma muy diferente a las que hasta ahora se han descrito, observando que quienes creen en la evolución como una ascensión continua e ininterrumpida de seres hasta el hombre pecan de antropocentrismo; la teoría de Darwin *"nos deja fríos a los lobos y a las ranas"*.

Existen otras críticas al darwinismo aún más radicales, es decir, personas que critican los propios fundamentos del darwinismo, no ya aplicado al hombre, sino a bacterias, animales o plantas. Mucha gente se asombra de que se pueda criticar el darwinismo. También se extrañaron mucho quienes escucharon por primera vez la afirmación de que la tierra es redonda, cuando la lógica les decía sin lugar a dudas que era plana. Esto suele suceder con las ideas que explican la realidad de una forma simple y fácil de entender[69].

Fred Hoyle, en su libro "El universo inteligente"[70] pone en duda una evolución basada en mutaciones y reproducción sexual. Según este autor, "El origen de las Especies" ofrece un gran conjunto de detalles empíricos (gran parte de ellos, extraídos de las observaciones efectuadas por Darwin en el período 1831-1836 a bordo del *Beagle*) que se presentan como una demostración de la teoría darwiniana de la selección natural, cuando no son más que pruebas de la existencia de la evolución, pero no de su causa. Es decir, que aunque la selección natural puede producir evolución, no está tan claro que la evolución tal como nosotros la conocemos y en nuestro planeta, se haya producido debido a este factor, es posible que la causa sea otra o que existan otras razones añadidas.

---

[67] Erich Fromm. (1991). El arte de amar. Ed. Paidos. (Pág 103 y 108). Adaptado.

[68] José Antonio Jáuregui (1990). El ordenador cerebral. Ed. Labor. (Notas, punto 7, pag. 244).

[69] Por supuesto que las explicaciones simples también pueden ser verdaderas; lo que quiero decir con esto es que cuando se lee una crítica de una idea simple y lógica y aceptada por todos, es necesario adquirir antes una mentalidad muy abierta, o no se podrá obtener ningún provecho de ella.

[70] Ed. Grijalbo, 1983.

Por una parte Fred Hoyle se une al grupo de investigadores que observa los registros fósiles y constata que no muestran una transformación gradual de las especies como se podría esperar de una visión darwinista, sino bruscos saltos. Por otra, analiza los requisitos para la creación de una nueva característica en una población:

- Aparece una mutación en la reproducción.
- La mutación produce una ventaja al individuo.
- El individuo es capaz de aprovechar dicha ventaja y tener una mayor descendencia debido a ello.
- La mutación se transmite a la descendencia.

Estos pasos conllevan demasiados inconvenientes: la mayoría de las mutaciones no son ventajosas; aún cuando lo son, el individuo puede morir accidentalmente o no tener una gran descendencia por cualquier otra razón; en el caso de tenerla, es posible que la mutación no se transmita o aún transmitiéndose, no se obtenga el efecto esperado al faltar otros componentes genéticos.

Todo esto lo entiende perfectamente el programador de algoritmos genéticos. Los algoritmos genéticos funcionan muy bien en problemas simples, y parece lógico que la evolución se haya producido gracias a un mecanismo similar. En un algoritmo genético se eligen las mejores soluciones, para que al reproducirse, generen otras nuevas que combinen los aspectos positivos de cada progenitor. Sin embargo, en muchos problemas ocurre que en la combinación de soluciones no sólo no se mantienen las cualidades positivas de los progenitores, sino que además se generan con frecuencia soluciones no válidas, cuya aproximación al objetivo buscado es muy pequeña. A esto se le ha llamado el "problema de la decepción", "epístasis" o "ausencia de bloques constructores". Aunque el gen mutado se transmita, es posible que se necesiten de otras mutaciones para que el resultado sea beneficioso. ¿De que sirven alas con plumas si no se puede respirar el aire? ¿Cómo han podido generarse gradualmente órganos complejos, como los ojos o las plumas para el vuelo, que no pueden depender de una única mutación, si solamente el órgano completo es útil al individuo?

Hoyle encuentra una respuesta a estos interrogantes. Los ojos de los vertebrados, los de los moluscos cefalópodos, y los de los insectos han evolucionado de forma bastante independiente; sin embargo todos ellos enfocan la luz sobre una sustancia llamada retinol. Relacionando este tipo de ejemplos con las propiedades de minúsculos meteoritos que habitualmente caen en la Tierra, Hoyle establece una apasionante y coherente teoría en la que se propone un bombardeo de material genético procedente del exterior como causa de los aparentes saltos de complejidad evolutivos.

> "El virus de la descolada fue creado. Alguien lo fabricó y envió, quizá para terraformar otros planetas preparando un intento de colonización. Quienquiera que fuese podría estar todavía ahí fuera"[71]

Definición de cooperación, egoísmo y altruismo

En las células, en las plantas, en los humanos, en los animales o incluso en los programas informáticos se encuentran comportamientos muy distintos, todo tipo de estrategias de cooperación, egoísmo o altruismo.

Las definiciones que voy a utilizar son las siguientes: un comportamiento altruista será aquel que contribuya al bienestar ajeno a expensas del propio; uno egoísta será exactamente lo contrario. Voy a llamar *cooperación* a las diferentes formas de acuerdo que se encuentran oscilando en el límite entre altruismo y egoísmo.

El uso de estas definiciones requiere de una justificación. Desde cierto punto de vista, se puede argumentar que cuando un individuo coopera, es porque egoístamente, ha evaluado que eso le ayuda a conseguir mejor sus objetivos, y por tanto sólo existen el egoísmo y el altruismo, pero no la cooperación.

Esta aparente paradoja no es mas que una estéril confusión de términos, que a algunos lleva a negar una diferencia que sí existe. El punto de vista según el cual sólo existe el egoísmo (y el altruismo puro) es una alternativa semántica que por razones prácticas debemos ignorar, ya que trata de impedir el análisis de la cooperación al negar su existencia. Pero esto no quiere decir que no sea cierto. Simplemente, no sabemos si es cierto o no. En el caso de que fuera cierto que "sólo existe el egoísmo" (y el altruismo puro), se negaría la existencia de la cooperación, y esto nos obligaría a crear un nuevo concepto

---

[71] En "Hijos de La mente", de Orson Scott Card (Saga de Ender).

que podríamos llamar "comportamiento aparentemente cooperativo" para poder tratar el tema.

Es decir, no se van a tener en cuenta motivaciones, o lo que es lo mismo, se va a suponer que cuando un agente tiene la intención de comportarse de una manera (cooperativa, egoísta o altruista), es porque posee la motivación de comportarse de esa misma forma.

Por otra parte, el análisis de la cooperación, egoísmo y altruismo se complica si tenemos en cuenta intenciones, ya que, por ejemplo, una intención amistosa no se traduce siempre en una acción amistosa. Por ello, no se van a tener en cuenta motivaciones, ni intenciones, sino solamente actos.

> "La inmensa mayoría de las acciones, aún las de las personas más nobles, tienen motivos egoístas, y no hay que lamentarse por ello, pues si fuera de otro modo, la razón humana no podría sobrevivir. Un hombre que se preocupara de que comieran los demás olvidándose de comer él mismo, moriría."[72] (Erich Fromm).

El gen egoísta, de Richard Dawkins

Richard Dawkins ofrece una de las más interesantes pero peor comprendidas aportaciones al tema de la cooperación y la competencia entre individuos.

En su libro "El gen egoísta"[73] aparecen tres personajes principales:

- El gen egoísta.
- El "envoltorio" del gen egoísta: el ser vivo (animal, planta, ...).
- Los memes (culturas, ideas, lenguas, ...).

Vamos a definir primero qué es gen egoísta, ya que el término tiene para Dawkins un significado bastante distinto al habitual, ya de por sí ambiguo.

El término gen[74] puede referirse a la unidad mínima que se recombina y hereda, a la unidad mínima que se muta, o a la unidad mínima que cumple una función en el desarrollo de un nuevo ser vivo.

---

[72] Erich Fromm. (1991). El arte de amar. Ed. Paidos. (Pág 120).
[73] Dawkins, Richard. (1994) El gen egoísta. Salvat Ciencia.

Dawkins no se refiere exactamente a ninguna de estas definiciones. En todas las células del cuerpo de un ser humano determinado existe la misma información genética: una larga cadena de ADN idéntica en el interior de cada célula. Para Dawkins, *"el gen egoísta no es sólo una porción física de ADN: es todas las réplicas de una porción de ADN, distribuidas por el mundo"*. Es decir, el mismo alelo o valor en las mismas posiciones dentro de la cadena de ADN, es el mismo gen egoísta, ya se encuentre en uno o en distintos individuos. Un gen egoísta de los que habla Dawkins no sólo está simultáneamente en todas las células de nuestro cuerpo. Está simultáneamente en varios individuos.

Esta abstracción de Dawkins sirve para expresar la siguiente idea: los genes tienen el objetivo de reproducirse a sí mismos, a costa de lo que sea, pero no a costa de otro segmento de ADN idéntico, ya que ambos son el mismo gen.

Dawkins habla principalmente de genes egoístas, no de envoltorios egoístas. Aunque la idea de envoltorio (ser vivo) egoísta aparece

---

[74] Los genes tienen básicamente dos funciones: reproducirse a sí mismos, e indicar el modo de construcción y comportamiento de un nuevo ser vivo completo. Los cromosomas (formados por genes) comprimen la información necesaria para realizar la construcción de un ser vivo completo. Además, los cromosomas están formados de tal manera que son capaces de crear copias de sí mismos.

Sin embargo, existen varias definiciones de gen. Cada definición hace referencia a distintas ideas, o lo que es lo mismo, se utiliza la palabra gen en diferentes sentidos. Por lo general, no coincide el objeto referenciado según más de una definición. Es evidente que sería mejor disponer de varios términos en vez de uno sólo, que lleva a confusión.

Tenemos al menos las siguientes definiciones:

- *Gen como unidad básica de herencia o como unidad básica de recombinación*: según esta definición, un gen es la unidad mínima que se puede heredar, es decir, es la unidad mínima que puede ser tomada de uno de los progenitores para formar el nuevo individuo. Si las características heredables (como el aspecto de la cara) las descomponemos en otras subcaracterísticas (color de los ojos, color del pelo, tez), cuando ya no podamos dividir más esas características de forma que sigan siendo heredables, diremos que esa característica es debida a un gen.
- *Gen como unidad básica de mutación*: según esta definición, un gen es la unidad mínima que se puede mutar. Este gen no tiene por qué coincidir con el gen como unidad básica de herencia.
- *Gen como unidad funcional*: según esta definición, un gen es una secuencia orientada de nucleótidos, generalmente de ADN, que actúan como la unidad mínima de información relativa a cuál es la constitución de otra secuencia orientada de nucleótidos de otro ácido nucleico, o de aminoácidos de una proteína.

de forma secundaria, los argumentos de Dawkins se basan en el egoísmo de los genes, no de los envoltorios.

Dawkins llama a los genes egoístas porque para ellos es inevitable intentar reproducirse a toda costa, a costa de cualquier otra cosa que encuentren a su paso, pero no a costa de otro segmento de ADN idéntico, ya que ambos son el mismo gen. Este concepto de egoísmo no tiene mucho que ver con lo que se entiende coloquialmente.

Según esta visión somos máquinas de supervivencia construidas por nuestros genes para su propia perpetuación. Venimos de los genes egoístas, moléculas auto-replicantes que en cierto momento "decidieron" (metafóricamente) que la creación de una máquina como nosotros, con una capacidad de razonamiento flexible, era lo más adecuado para sus fines.

Hay idealistas que rechazan impulsivamente la idea de una naturaleza basada en genes egoístas y hay quienes sólo ven en ella egoísmo y destrucción. Si bien es cierto que demasiadas veces la naturaleza no es "madre", fuera de nuestra óptica, la naturaleza es simplemente indiferente. En cualquier caso, Dawkins habla de genes egoístas, no de individuos egoístas. Y lo que es más importante: con la teoría de Dawkins, la cooperación e incluso el altruismo (reales) entre individuos pueden ser explicados por el "egoísmo" (metafórico) de los genes.

Desde cierto punto de vista, la reproducción es equiparable al crecimiento. En general ocurre que las células de nuestro cuerpo cooperan, e incluso se comportan de forma altruista, ya que no intentan reproducirse a costa de sus vecinas, sino que producen un crecimiento ordenado, formando un cuerpo, tal como conviene a los genes egoístas. Las células defienden el cuerpo, así como las hormigas la colmena, y no a ellas mismas, tal como conviene a los genes egoístas.

A nivel de individuo, cuando un individuo coopera con otro y ambos comparten genes (y dos miembros de la misma especie suelen compartir más del 90% de ellos), podemos decir que en realidad lo que ocurre es que los genes egoístas se están ayudando a sí mismos. Desde este punto de vista, cuando dos individuos de la misma especie compiten, lo hacen por propagar su 10% diferencial. Es lógico que si dos individuos comparten el mismo nicho (por ejemplo, por ser de la misma especie), existirá una mayor competencia entre ellos. Pero en general, eliminando otros factores, un individuo tendrá una mayor tendencia a cooperar con otro (pudiendo elegir entre varios individuos), que será proporcional al número de genes en que coincidan.

Para ello no hace falta un laboratorio, basta con observar parecidos físicos. El apoyo mutuo entre los individuos es, efectivamente, un factor de evolución, y puede ser visto a la luz de un egoísmo de los genes.

La teoría del gen egoísta trata de tendencias: los genes egoístas tratan de reproducirse; esto no quiere decir que siempre lo consigan. Ya que la teoría del gen egoísta trata de tendencias, el hecho de que una tendencia determinada no se observe en la naturaleza no basta para poner en duda dicha teoría. Una razón es que podría existir otra tendencia opuesta más fuerte, cuya existencia pueda ser también justificada, tal vez por la misma teoría del gen egoísta, y tal vez también es posible que por otra totalmente distinta y complementaria

Por ejemplo, dos seres de la misma especie portan gran cantidad de genes iguales. Los genes programan sus máquinas de supervivencia de forma que se asegure la supervivencia de los genes, no de las máquinas. Para un gen es indiferente estar en una máquina u otra, es más, no tiene sentido plantear la pregunta, ya que el gen egoísta esta en ambas simultáneamente.

Por tanto, las máquinas tienen la tendencia a cooperar tanto más con otra máquina cuantos más genes iguales tengan. Por ello, un ser vivo tiene tendencia a ayudar a los de su misma especie.

Es de esperar que la tendencia a ayudarse entre parientes sea mas fuerte que entre individuos sin vínculos familiares. Entre dos hermanos la cantidad de genes iguales es mucho más alta que entre dos personas sin parentesco. Sin embargo, los hermanos compiten por el alimento que ofrece la madre, y compiten precisamente porque cada individuo posee un mayor número de genes iguales a los de sí mismo (el 100%, evidentemente) que los que se encuentran en su hermano.

Otra razón más básica es que las tendencias no deben, obligatoriamente, manifestarse inmediatamente. Aun cuando las circunstancias sean propicias, se trata de un proceso lento. De hecho, los individuos de una sociedad pueden comportarse según una *Estrategia No Evolutivamente Estable*, y debemos esperar que en muchos casos ocurra esto, mientras la sociedad está tendiendo hacia una *Estrategia Evolutivamente Estable* (EEE). Observando una población en un momento cualquiera, no tenemos por qué encontrar una EEE. Las probabilidades de encontrar una EEE serán tanto más altas cuanto más estable sea el entorno en que se encuentran.[75]

Dawkins ha sido acusado de tratar los genes como unidad de selección. Aunque la selección actúa sobre individuos, es evidente que la selección de individuos modifica el conjunto genético de la población, lo que indirecta y estadísticamente produce una selección de genes. ¡También podríamos criticar a casi todos los biólogos por tratar a los individuos como unidad de reproducción! Puede parecer asombroso, pero los animales no nos reproducimos, al menos, no directamente. No producimos copias de nosotros mismos: Producimos copias de nuestros genes y éstos, combinados con los de otro individuo, y afectados por el entorno, producirán un nuevo ser.

La cuestión crucial es hasta que punto la selección de individuos afecta a la selección de genes. Usando una metáfora, los integrantes de un grupo de rock (genes) forman un conjunto musical (cadena de ADN, genotipo) que se desarrolla componiendo canciones (fenotipo, ser vivo) que se escuchan en la radio (entorno) junto con otras canciones. La selección actúa sobre las canciones (fenotipo), pero es de suponer que la selección de canciones produce, en definitiva, una selección de músicos (genes).

En el plano de las ideas, las teorías científicas están sujetas a evolución: nacen, se combinan, mutan, mueren, son seleccionadas, etc. El altruismo también es una idea, y el egoísmo otra idea. Las múltiples formas de cooperación son ideas. ¿Acaso no pueden estas ideas estar sujetas a evolución, y cooperar o comportarse de forma egoísta y altruista entre sí?

Por qué cooperar

Che: ¿Ves este pan de azúcar, Debray? [...] Pongamos que pesa 20 gramos. Con lo que podríamos hacer dos buenos trozos. Doscientas calorías para cada uno y nada más. Pongamos que te rodean 10 hambrientos y todos dependen de ti ¿Qué harías?
Debray: Sacaría a la suerte los dos beneficiados.

---

[75] Sin olvidar, como dice Máximo Sandín en el artículo "Sucesos excepcionales de la evolución" (www.iieh.org/ doc/ doc200311130001.html), que ya está bien de *"convertir los hechos comprobados en excepciones y las especulaciones o creencias jamás verificadas en la norma"*

Che: ¿Por qué?

Debray: Más vale dos compañeros que tengan la oportunidad de sobrevivir comiendo un poco que diez que no tengan ninguna, comiendo diez veces nada.

Che: Pues te equivocas, Debray. Cada cual debe tener sus migajas y que sea lo que Dios quiera. La revolución tiene sus principios. Y siempre habrá dos burócratas menos.

Debray: ¿Cree que es mejor que caigan con toda seguridad diez revolucionarios en absoluta igualdad de condiciones?

Che: Siempre que la moral esté a salvo, la revolución también lo estará. Si no ¿qué sentido tiene?[76]

A la luz del concepto de evolución, esta "parábola" del Ché se puede interpretar de la siguiente manera. La muerte de un grupo de revolucionarios que deciden compartir la comida antes que luchar por ella, consiste por una parte, en una decisión que produce la muerte de dichos revolucionarios, y por otra en una decisión que permite que "la revolución", "el espíritu de la revolución" o como se le quiera llamar, permanezca vivo.

Evolutivamente, *la revolución* es una entidad con idénticos comportamientos que los revolucionarios (nace, crece, se reproduce y muere), salvo que existe en un nivel superior (o al menos, en un nivel diferente). La revolución es una entidad compleja, que se compone, entre otras cosas, de revolucionarios. Pero en ciertos casos, puede ser necesaria la muerte de algunos, o incluso tal vez todos los revolucionarios, para que la revolución sobreviva.

Parece obvio identificar a la revolución como una entidad jerárquicamente superior a los hombres, si entendemos que la revolución está compuesta de un conjunto de hombres. Pero también podría entenderse la revolución como una más de las ideas que habitan y compiten en la mente de cada hombre, y desde este punto de vista, inferior.

---

[76] Taibo II, Paco Ignacio. (1997). Ernesto Guevara, también conocido como el Ché (Biografía). Ed. Planeta. (Pág. 669-670).

¿Es siempre positiva la cooperación?

La cooperación, entendida como pacto interesado por todas las partes, puede que no siempre reporte ventajas, o al menos sus aspectos negativos pueden ser significativos.

> "El salvaje caza cuando tiene hambre, y al cazar obedece a un impulso natural. El que a una hora determinada va todas las mañanas a su trabajo, procede fundamentalmente por el mismo impulso, que es el de asegurar su vida: pero en este caso su impulso es indirecto y es una consecuencia de abstracciones, creencias y actos volitivos. En el momento es que el hombre sale para su trabajo no tiene hambre, puesto que ya ha desayunado. Comprende sencillamente que volverá a tener hambre y que el ir a su trabajo es el medio de satisfacer su hambre futura. Los impulsos son irregulares, y los hábitos en la sociedad civilizada tienen que ser regulares. Entre los salvajes, hasta las empresas colectivas son impulsivas y espontáneas. Cuando la tribu va a la guerra, el ruido del tambor les enardece militarmente y la excitación gregaria comunica a cada individuo la necesaria actividad. Las empresas modernas no pueden realizarse de este modo. Cuando tiene que salir un tren en un momento preciso es imposible inspirar a los mozos, al maquinista o al encargado de señales por medio de una música bárbara. Hacen su trabajo porque tiene que hacerse; sus motivos son, pues, indirectos; su impulso no es hacia la actividad, sino a la recompensa ulterior de la actividad.
>
> Muchos aspectos de la vida social adolecen del mismo defecto. Hay muchas personas que hablan entre sí, no por el placer de hablar, sino pensando en los beneficios que les ha de reportar la cooperación. En todos los momentos de su vida el hombre está abrumado por las restricciones de su impulso; si está alegre, no debe ir cantando ni bailando por las calles, y si está triste, no está bien que se siente en las aceras a llorar, obstruyendo el tránsito.
>
> [...] La sociedad civilizada es imposible sin grandes restricciones al impulso natural, puesto que el impulso natural no produce sino las formas más elementales de cooperación social y no las formas complejas que exige la organización económica moderna"[77]. (Erich Fromm)

---

[77] Erich Fromm. (1991). El arte de amar. Ed. Paidos. (Pág 160-161).

Conclusiones del Programa Hormigas y Plantas

Las conclusiones obtenidas con este programa son:

- Un entorno puede provocar la aparición de comportamientos egoístas, y otro favorecer la cooperación o el altruismo.
- La tendencia hacia diversos comportamientos altruistas, egoístas y combinación de ambos pueden explicarse como resultado de una coyuntura.
- Una sociedad, observada como un único individuo, para sobrevivir, puede necesitar cambiar su propia composición en cuanto al tipo de comportamientos que siguen las entidades que la forman.

Pero entonces ¿no son deprimentes este tipo de programas? Si su conclusión es que el comportamiento de los individuos es producto de la coyuntura... ¿No es eso ofrecer una visión fatalista del mundo? ¿Dónde está la libertad del individuo? ¿Dónde está su capacidad de cambio?

Precisamente, si la influencia del grupo sobre el individuo es tan grande, y queremos favorecer o reprimir algún comportamiento, ya sea en individuos o incluso en todo el grupo, lo que primero que debemos hacer es conocerlo, y admitirlo. Después explorar sus efectos: representar, predecir, simular, probar, experimentar, aprender. Lo mismo que con cualquier otro problema.

El futuro

En mi opinión, considerar "supervivencia del más apto" como "supervivencia del más egoísta" es un error, ya que la aptitud es coyuntural. Además, ni siquiera hablar de "supervivencia del más apto" es del todo correcto, ya que *individuos* o *genes* son limitadas abstracciones mentales nuestras, que hacen referencia a un nivel concreto de descripción de la realidad, mientras que la evolución es una tendencia universal omnipresente que opera simultáneamente en la materia, en la energía, en las células, en los individuos, y en el mundo de las ideas o en los computadores.

Toda evolución tiende en última instancia al altruismo, que es la estrategia que posee el mayor beneficio potencial global. Pero debemos tener en cuenta que normalmente se entiende el altruismo en un contexto local determinado, y no de forma absoluta. Todo depende del punto de vista. Por ejemplo, observamos lo complicado que nos resulta cooperar entre humanos, y por ello concebimos el altruismo entre nosotros como una posibilidad remota. Mucho más lejano se muestra el altruismo de humanos con cerdos, gallinas, vacas y conejos, y aún mas difícilmente concebible es el altruismo con tomates, lechugas, fresas y puerros. Pero es lógico que el desarrollo humano, o de cualquier otro ser vivo, produzca sucesivas ampliaciones del círculo que rodea a aquellos seres considerados como "seres con derecho" desde el punto de vista ético.

También "altruismo" es en cierto modo equivalente a "explosión de diversidad", es decir, la tendencia a ocupar todos los nichos posibles hasta llegar a convertir toda la materia del universo en materia viva. En cierto modo, toda la materia del universo llegaría a ser "comida" (comestible). Ese momento marcaría aparentemente el límite de la explosión de vida, pero ésta podría ser aún mayor. Las mismas partículas de materia podrían ser simultáneamente elementos constituyentes de más de una entidad viva, cuando estas entidades vivas forman una estructura multinivel, tal vez jerárquica, como de hecho ya ocurre con las células de la piel de un humano, un humano y una comunidad de humanos.

El egoísmo puede llevar a la destrucción total, y en cualquier caso, malgasta recursos si se compara con el altruismo perfecto. Sin embargo, el altruismo requiere de estrategias robustas. Pero si la cooperación no fuese mejor que el egoísmo, todavía seríamos seres unicelulares. No lo somos. Somos pluricelulares. Salvo en el caso de existir un cáncer, nuestras células cooperan (en general, aunque podrían no hacerlo, siempre que beneficie al conjunto). La cooperación parece estar relacionada con la aparición de entidades de orden superior, como nosotros respecto de las células, o las células respecto de las moléculas. Lo mismo ocurre con las ideas.

La evolución por tanto, explica la cooperación, pero ¿explica el altruismo? Yo creo que el altruismo es un paso más en la cooperación que produce un nuevo nivel de descripción de la realidad. Si varias entidades cooperan durante mucho tiempo, es posible que se produzca una configuración muy interdependiente. Como en las células de nuestro cuerpo. Todas se necesitan mutuamente. Si el cuerpo muere, las células mueren. La mejor estrategia como célula de un cuerpo es realizar correctamente su propia función local, no tratar de invadir al resto. En cierto modo, la célula no pierde por ello su individualidad, sino que la enfoca hacia el cuerpo. En cierto sentido se hace más vulnerable, y en otro más poderosa. La célula transmite su capacidad de reproducción al organismo entero, porque le es beneficioso. Como todas las células tienen la misma información genética, todas ellas trabajan por obtener un cuerpo sano, que se pueda reproducir.

¿Es suficiente el egoísmo metafórico de los genes para producir la cooperación entre hombres? Sí. ¿Es suficiente el egoísmo metafórico de los genes para producir el altruismo entre hombres? Parece que no. La cadena de ADN es aquello que define el comportamiento de la célula. ¿Acaso es también la cadena de ADN o la célula la esencia del hombre? Yo propongo que no; que la esencia del hombre es su yo sensible, su subjetividad, ya que el hombre y el resto de animales sensibles no son entidades definidas en un plano material o mecánico, sino en el plano (o "universo") de la subjetividad.

¿Podría ser que, tal como ocurre con los genes egoístas, que se encuentran simultáneamente en varias células, la subjetividad de los animales conscientes, como el hombre, se encontrara también en cierta forma simultáneamente en varios individuos? Si las subjetividades de todos los seres vivos fueran, al menos en ciertos aspectos, la misma cosa, podría producirse el altruismo y la aparición de una entidad de nivel superior (Gaia). El sentimiento de satisfacción que nos da el altruismo, y la frustración de las actitudes egoístas podrían ser la sombra de la entidad que ya estamos formando.

Evolución, Estabilidad, Inercia y Recurrencia

La evolución es un equilibrio entre dos tendencias deseables y contradictorias y podemos interpretarla como un caso particular de un concepto aun más simple y poderoso que se podría llamar el principio de "estabilidad, inercia o recurrencia".

Las leyes de la evolución se pueden explicar con un chiste malo. Una enfermedad que produzca esterilidad difícilmente podrá ser hereditaria. De forma similar, una menor adaptación al medio suele ir acompañada de una menor reproducción, lo que supone una menor propagación genética de esa falta de adaptación (si es que ésta se puede almacenar genéticamente). Una mayor adaptación al medio se asociará en muchos casos a una mayor reproducción, y se propagará si existe una vía genética para ello.

Otro ejemplo: muchos animales acostumbran a realizar un "mordisco amoroso" como parte del ceremonial de la cópula. Pero, por ejemplo, las serpientes venenosas no lo hacen. Si lo hicieran, los machos pronto habrían acabado con todas las hembras, envenenándolas. La evolución sólo permite "sobrevivir" a aquellos esquemas (modos de vida, genes, especies, costumbres) que son "autoconsistentes", "no autodestructivos", que tienen una tendencia a mantenerse vivos.

Por otra parte, la evolución es un equilibrio entre dos tendencias:

- Fuerza conservadora, egoísmo, explotación, convergencia más rápida hacia una solución, muerte, "derecha conservadora".
- Fuerza innovadora, altruismo, exploración, exploración más a fondo del espacio de búsqueda, nacimiento, "izquierda progresista".

Ambas tendencias son deseables y contradictorias, por lo que se ha de llegar a un compromiso. A este compromiso se le podría llamar:

- Fuerza equilibradora, cooperación, optimización, óptimo en la relación calidad/coste o grado de penetración óptimo, control de natalidad, "centro"

Existe una fuerza conservadora (explotación-egoísmo), que beneficia a los mejores agentes, es decir, a los que mejor resuelven problemas. Esto es evidente, pero no es lo único. También existe una fuerza innovadora (exploración-altruismo), que permite la existencia de agentes muy distintos, aún cuando su éxito sea menor.

Mediante la fuerza innovadora es posible obtener la variedad suficiente para evitar una población demasiado especializada (estancada en un máximo local), y permitir la resolución de problemas cambiantes o con varios máximos.

Los fuertes son necesarios para resolver el problema ahora. Los débiles son necesarios para resolver el problema de mañana, o para resolver el mismo problema de hoy, pero con un planteamiento distinto, tal vez mucho mejor. Los adaptados son conservadores. Los inadaptados, en cambio, necesitan innovar para sobrevivir.

Las mutaciones pueden considerarse buenas o malas, pero también podrían pasar de uno a otro estado, ser más sutiles. Toda innovación con éxito termina convirtiéndose en conservación. Una mutación muy pequeña y buena, es una fuerza conservadora de la dirección que ya existía. Una mutación grande y buena, es una fuerza innovadora, pero no tarda en hacerse conservadora.

Una mutación muy mala desaparece con el individuo que la sufre. Una mutación simplemente mala convierte al individuo en inadaptado. El individuo debe cambiar de nicho para sobrevivir, y ese cambio de nicho puede provocar la redefinición de la mutación como algo bueno. Los peces bien adaptados no necesitaban ser anfibios ni mucho menos reptiles. Si un animal tuvo que obtener ventajas fuera del agua es porque tenía problemas dentro de ella. La evolución es la línea del camino marcado por los inadaptados.

La fuerza conservadora parece evidente, y no se suelen gastar esfuerzos en tratar de demostrarla. En cambio, la fuerza innovadora por lo general va en contra de lo evidente. Pero los argumentos para demostrar ambas son los mismos. Demostradas estas dos, se llega a la conclusión de la existencia de la tercera fuerza, equilibrio entre ambas.

Intento de demostración de la fuerza conservadora-egoísmo

- Por observación: el egoísmo existe. Por tanto, es evolutivamente seleccionado.
- Por autoconsistencia: el egoísmo beneficia al individuo que adquiere dicho comportamiento. Si el individuo sobrevive gracias al egoísmo, su comportamiento también sobrevive. Si el individuo no fuera egoísta, podría morir.

Intento de demostración de la fuerza innovadora-altruismo

- Por observación: el altruismo existe. Por tanto, es evolutivamente seleccionado.
- Por autoconsistencia: el altruismo beneficia al grupo de individuos que adquieren dicho comportamiento, y estadísticamente beneficia a los individuos, aunque puede que no a todos. Si el grupo de individuos sobrevive gracias al altruismo, su comportamiento también sobrevive. Si el grupo de individuos no fuera altruista, podría morir, y con él los individuos.

Intento de demostración de la fuerza equilibradora-cooperación

- Por observación: el egoísmo y el altruismo existen. Por tanto, ambos son evolutivamente seleccionados. Al ser incompatibles simultáneamente, son evolutivamente seleccionadas las estrategias que combinan ambos, en diversos grados, ante diversas circunstancias, según los criterios más beneficiosos para el individuo y el grupo. Si el egoísmo beneficia al individuo y el altruismo al grupo, ambos comportamientos (egoísta y altruista) se ven seleccionados en el individuo. Mientras existan circunstancias o desequilibrios que favorezcan coyunturalmente un tipo de comportamiento más que otro, existirá una tendencia hacia la creación de criterios (inteligencia) que sirvan para decidir cuándo la entidad debe comportarse de una u otra forma
- Por autoconsistencia: Si el equilibrio entre egoísmo y el altruismo, decidiéndose uno u otro según ciertos criterios, beneficia al individuo y al grupo, entonces dichos criterios de equilibrio se ven seleccionados.

La evolución de los seres vivos o de los seres vivos artificiales podemos interpretarla como un caso particular de un concepto aun más simple y poderoso que se podría llamar el "principio de estabilidad, inercia o recurrencia".

Una forma de explicar este principio es la siguiente: Cualquier cosa existente es probablemente estable, ya que si no fuera estable, probablemente desaparecería como tal cosa, ya que cambiaría hasta llegar a un estado estable, y ya no sería esa "cosa" sino otra (estabilidad). Cualquier cosa existente probablemente siga existiendo como ya lo está haciendo (inercia). Si tenemos una "cosa" que varía continuamente, entonces es estable en su variación continua, y la esencia de la cosa es la forma -constante- en que se producen los cambios (recurrencia).

Si en los cambios no se pudieran encontrar regularidades, es decir, si la cosa no varía según una norma, por muy compleja que sea, estaríamos ante un azar puro, y transgrediendo el axioma de que para ser "cosa" es necesaria una cierta estabilidad, inercia o recurrencia, y esta "cosa" no sería un objeto de nuestro universo, o casi. Esa cosa, al menos, estaría en la frontera de nuestro universo, ya que su estado no poseería causa alguna (en nuestro universo), que es equivalente a decir que tiene una causa, pero ésta está fuera de nuestro universo. Estas reflexiones coinciden con las conclusiones obtenidas a partir del estudio del azar en simulaciones de autómatas del tercer capítulo.

El principio de estabilidad, inercia o recurrencia tiene su origen en nuestra forma de percibir y razonar: todas las cosas son estables, recurrentes, o poseen inercia (al menos en cierto grado) porque todas las cosas que somos capaces de percibir o imaginar son estables, recurrentes, o con inercia. No somos capaces de manejar un concepto que no posea estabilidad, inercia o recurrencia porque el hecho de "manejar un concepto" obliga a identificar dicho concepto mediante el contraste (la oposición) con el resto del universo real o imaginario, y este contraste debe ser definido mediante algún criterio.

Otra forma de explicar el principio es esta: Hablar de estabilidad, inercia y recurrencia, es equivalente a hablar de funciones matemáticas simples. Al decir que en el universo se dan con frecuencia la estabilidad, la inercia y la recurrencia, estamos diciendo que en el universo se dan con frecuencia sucesos que se pueden representar mediante funciones matemáticas simples.

Siendo x el dato y t el tiempo, la estabilidad la podemos representar matemáticamente como:

```
x(t) = x(t-1)
```

Por ejemplo esto podría representar lo siguiente: *"En el instante de tiempo t, el gato está dormido. En el instante de tiempo t+1, el gato sigue dormido."* La variable independiente podría no ser el tiempo. Por ejemplo: *"En la cocina (t) hay pelos de gato. En el pasillo (t+1) también hay pelos de gato."*

La inercia, por ejemplo, como:

```
x(t) = x(t-1) + 23
```

Por ejemplo esto podría representar lo siguiente: *"Ayer el gato pesaba 837 gramos. Hoy el gato pesa 860 gramos."* Si t es el espacio, podríamos decir: *"En la cocina hay 837 pelos de gato. En el pasillo hay 860."*

Y la recurrencia (estados alternados) podría ser:

```
x(t) = 1 / x(t-1)
```

Por ejemplo esto podría representar: *"El gato inspira, luego expira, luego inspira, luego expira."* Si t es el espacio, podría ser: *"Aquí hay una garra de gato. Aquí no. Aquí sí. Aquí no."*

Existe el problema de definir qué son funciones matemáticas simples. ¿Es el seno una función simple? ¿Es simple porque bastan tres letras para describirla?

```
y = sen(x)
```

Podríamos representar como `FuncionComplicada` una función tan complicada como queramos:

```
FuncionComplicada = sen(x) * Sqr(123,75)
 + x^(Ln (x / 2432)) - 23 * Tan(SQR(sen(x - 4)))
```

Una vez establecido esto, ¿cuál de estas dos funciones es más complicada?

```
y = x / (sen(x) * 3) - 17

y = FuncionComplicada + 1
```

Depende de lo que consideremos como los elementos básicos a utilizar para componer las expresiones. Pero supongamos que disponemos de alguna forma de asignar un grado de complejidad a cada operación. De hecho, los estudiantes de matemáticas tienen su propia escala de complejidad de las operaciones: la suma es muy sencilla, la resta casi tan sencilla como la suma. La multiplicación y división son también bastante sencillas, aunque más complejas que suma y resta. Sen, Sqr, Ln, etc. entran en otra categoría de complejidad.

No creo que sea casualidad que existan tantos fenómenos del Universo que puedan representarse mediante las más simples funciones en matemáticas. Podemos aventurar tres hipótesis:

- *Hipótesis del Universo informacional:* Si suponemos que todo el Universo puede ser considerado como información, es decir, si suponemos que todo el Universo es un gran sistema formal, discreto, entonces, por analogía, su comportamiento más probable corresponderá con los comportamientos más probables en otros sistemas formales: matemáticas, lenguajes de programación, ordenadores, máquinas de Turing.
- *Hipótesis del efecto de la distancia:* La existencia de dimensiones espaciales (la existencia de la cercanía) en oposición a una interconexión masiva de toda la materia del Universo (toda la materia igualmente próxima a toda la materia) atenúa la interacción en la distancia y produce con mayor probabilidad, funciones más simples. Ejemplos de excepciones a esto podrían ser sistemas que aunque están constituidos de materia física, su comportamiento lógico ignora las distancias entre sus elementos componentes, o establece *espacios lógicos* con otro tipo de distancias, como las redes neuronales artificiales o naturales, que poseen interconexión masiva, y los sistemas de reglas (sistemas expertos,...).
- *Hipótesis subjetiva:* La mayoría de los fenómenos del Universo se pueden representar mediante funciones matemáticas simples, porque para nosotros lo más fácil es entender funciones matemáticas simples. El hecho de ser simple es algo subjetivo. Vemos lo simple porque es lo que más fácilmente vemos, no porque sólo exista lo simple. Hay también fenómenos que se pueden representar mediante funciones matemáticas complejas, pero esto nos resulta más complejo, así que lo hacemos con dificultad. Creemos que no existen los fenómenos del Universo que se pueden representar con funciones matemáticas tan complejas que no llegamos a ser capaces de manejarlas, pero lo que ocurre es que no somos capaces manejarlas.

Creo que la comprensión de la evolución se encuentra en el límite de nuestro entendimiento de esta forma. Identificamos los genes, los individuos o los grupos como los objetos susceptibles de evolución, ya que nos identificamos con ellos, pero intuyo que la evolución es un asunto que corresponde con la naturaleza de conceptos que no es posible manejar desde el sistema de referencia egótico al que estamos acostumbrados.

Los argumentos sobre la evolución son recursivos, por lo que más que argumentos, se trata de axiomas o actos de fe. La selección natural es "la supervivencia de lo que sobrevive" y la estabilidad se aplica a las "cosas" y las "cosas" deben ser estables para ser tales "cosas".

Homeostasis, autopoyesis, sistemas auto-organizados, auto-productores y auto-referenciales

En Medicina se maneja el concepto de *homeostasis*, que consiste en la capacidad para mantener el equilibrio del medio interno. Desde un punto de vista físico, se habla de la capacidad de un sistema para sortear perturbaciones. También se habla en distintos contextos de sistemas auto-organizados, auto-productores, auto-referenciales o con autopoyesis (o autopoyéticos).

Ahora bien ¿Por qué se produce la homeostasis? ¿Por qué hay tantos sistemas físicos capaces de sortear perturbaciones? En mi opinión, los sistemas son homeostáticos porque nos parecen homeostáticos, y nos parecen homeostáticos porque han sido identificados como tales sistemas, con entidad propia, por nosotros. Es decir: los sistemas son homeostáticos porque nuestra forma de percibir la realidad hace que fijemos la atención en los sistemas homeostáticos.

Por ejemplo, yo veo una silla o una mesa. Las sillas y las mesas, o el ratón (*mouse*) de un ordenador y el dedo humano que lo pulsa, son entidades diferentes porque nosotros observamos la realidad así, pero éstas son conceptualizaciones arbitrarias desde un punto de vista objetivo. El comportamiento más probable de cualquier cosa corresponderá más probablemente con una función matemática simple, debido a que "función matemática simple" es equivalente a "función fácilmente percibida-identificada-conceptualizada por nosotros" que somos los observadores.

En el extremo opuesto se encuentran las funciones matemáticas más complejas, hasta llegar al máximo de complejidad que se produce en el azar puro.

Nosotros observamos que existe una evolución y una selección, porque nuestra propia forma de observar hace que prestemos atención a lo que es estable, a aquello que posee inercia o que actúa de forma recurrente. Por eso vemos muerte y nacimiento; parecidos y diferencias en genotipos y fenotipos.

Para un único individuo, subjetivamente, no hay vida ni muerte; ni parecidos ni diferencias. Para un individuo solipsista el universo existió siempre y solo existe el momento "ahora", no hay tiempo, ni pasado ni futuro, sólo presente.

El fuerte contraste que existe entre la interpretación subjetiva-solipsista de la realidad, y la interpretación objetiva-consensuada, es indicador de la dificultad que tenemos para integrar estas dos visiones. Pero necesitamos de esta integración para conocernos a nosotros mismos. A otro nivel, este problema puede servir de analogía de la dificultad con la que nos encontramos para entender el fenómeno de la evolución.

¿Hacia dónde se dirige la evolución?

La evolución parece cumplir únicamente la norma de "ser estable en su variación continua". El motor de la evolución es el desequilibrio que supone una mayor (pero no absoluta) tendencia a la supervivencia (como individuo y como progenitor) del más fuerte frente al más débil. Aparentemente el resultado puede identificarse a corto plazo como una mejora continua. Pero ¿qué es ser mejor? Parece que la aparición de seres "cada vez mejores" es una apreciación subjetiva humana, y lo que realmente ocurre es que reina la diversidad, la aparición de seres "cada vez más distintos". Aunque las tan frecuentes extinciones parecen indicar precisamente lo contrario. Lo que está claro es que la vida aparece en los más insospechados lugares.

La explosión de diversidad, el ocupar todos los nichos posibles podría llegar a convertir toda la materia del universo en materia viva. Ese momento marcaría aparentemente el límite de la explosión de vida, pero ésta podría ser aún mayor, si la vida pudiera encontrarse simultáneamente en diversos niveles, como de hecho ocurre. Las mismas partículas de materia podrían ser simultáneamente elementos constituyentes de más de una entidad viva, cuando estas entidades vivas forman una estructura multinivel ¿jerárquica?, como ocurre con las células de la piel de un humano, un humano y una comunidad de humanos.

Expresado mediante aproximaciones sucesivas, se selecciona (para la reproducción y/o para la supervivencia): "Lo mejor", pero matizado, ya que se trata de "lo mejor" desde un punto de vista relativo; se trata de ser el más adaptado para las circunstancias actuales, el mejor en su propia coyuntura. Existe un factor de "suerte", y debido a causas varias, se selecciona "de todo un poco". Si la descendencia de un individuo fuera siempre proporcional a su adaptación, probablemente la evolución sería muy diferente a lo que conocemos, con una mayor tendencia a la homogeneidad, al estancamiento en máximos locales y al exterminio ante cambios del entorno. Los acontecimientos fortuitos parecen ser necesarios para la evolución entendida como cambio. Un auténtico resolutor general de problemas tal vez necesite de un generador de azar real. Como la competencia parece ser decisiva, el relativamente mejor es en muchos casos el más diferente al resto.

> "La Naturaleza, mal que le pese a Darwin, no evoluciona hacia la primacía de los mejores (¿mejores según qué criterio, por otra parte?). La Naturaleza basa su energía en la diversidad. Necesita que unos sean buenos y otros malos, desesperados, deportistas, enfermizos, jorobados, con labio leporino, alegres, tristes, inteligentes, idiotas, egoístas, generosos, pequeños, grandes, negros, amarillos, rojos, blancos... Aprovecha todas las religiones, todas las filosofías, todos los fanatismos, todas las corduras [...] Los campos [...] compuestos por hermanos gemelos de la mejor cepa morían todos a la vez de la misma enfermedad. Mientras que los campos de maíz silvestre, compuestos por muchas cepas diferentes, y cada una de ellas con su propia especificidad, y sus debilidades, y sus anomalías, conseguían siempre encontrar un antídoto para las epidemias." [78]

Selección de grupos

Los recursos limitados producen una selección del más apto que provoca una tendencia hacia la homogeneización de la población. Esta homogeneización tiene un aspecto negativo: una población demasiado parecida es más susceptible de exterminio debido a cambios bruscos en las condiciones del entorno.

Dado que esto es así, las poblaciones muy homogéneas capaces de sufrir estas alteraciones del entorno acaban tarde o temprano sufriéndolas y desapareciendo. Cada una de estas poblaciones, vista como

---

[78] Wells, Edmond, tomado de la "Enciclopedia del saber relativo y absoluto", recopilada por Werber, Bernard. 1993 "Las hormigas" Ed. Plaza & Janés.

una sola entidad, es eliminada por un proceso de "selección de poblaciones".

Otras poblaciones, que por la razón que sea, sean capaces de permanecer heterogéneas, es decir, aquellas poblaciones en las que sobrevive "de todo un poco, aunque con tendencia a sobrevivir los mejores" se mantendrán vivas y se reproducirán en otras "poblaciones". En el caso de los humanos, un altruismo restringido hacia los más necesitados (los menos aptos) es uno de los métodos para conseguirlo.

La existencia de dos sexos y posibilidad de la elección de pareja provoca el hecho de que los criterios de selección de pareja, sean estos cuales fueran, sean seleccionados. Es decir, aquellas características que las hembras busquen en los machos, y los machos en las hembras, por muy absurdas que parecieran, son precisamente aquellas que van a proliferar en la población (siempre que puedan ser transmitidas genéticamente, culturalmente, o de alguna otra forma a la descendencia).

Aquello que las entidades elijan mayoritariamente como "atractivo sexual" será seleccionado. Ahora bien, es posible que unas subpoblaciones empleen unos criterios y otras otros distintos. Los "atractivos sexuales" que además, sean útiles al individuo para la supervivencia, proliferarán en mayor medida en cuanto, por su propia naturaleza, favorezcan la combinación de aspectos positivos de los progenitores en los descendientes. Los atractivos sexuales útiles se ven seleccionados en una "población de atractivos" compuesta por todos los posibles atractivos sexuales.

La falta de deseo de tener descendencia hipotéticamente podría ser un atractivo sexual, pero tendría serias dificultades para transmitirse de padres a hijos.

Todo el universo es una única entidad viva

Dado un individuo (real) cualquiera de una especie cualquiera, y por el simple hecho de existir dicho individuo, podemos decir lo siguiente: Existe una alta probabilidad de que este individuo posea unos genes tales que produzcan en él comportamientos estadísticamente beneficiosos para la existencia y preservación, no sólo de sí mismo, sino también de la propia especie así como de su entorno.

Ejemplos de esto son: la colaboración con otros individuos, la atracción sexual, el cuidado de los descendientes, e incluso la muerte del propio individuo. Este tipo de comportamientos "socialmente constructivos" se manifestarán en un grado incluso superior (estadísticamente) a aquellos comportamientos referidos a la supervivencia de él mismo. Análogamente, una célula de un cuerpo posee unas reglas de comportamiento definidas más bien en función de la supervivencia del cuerpo que la contiene y no tanto en función de la supervivencia de esa misma célula.

Podemos encontrar equivalencias análogas a otros niveles y para todo tipo de seres vivos. Esto nos puede hacer pensar que la identificación de células o cuerpos como entidades o individuos susceptibles de evolución y supervivencia es una apreciación parcial, y que en cambio, sólo es estrictamente adecuado identificar una única entidad, que será el universo completo, como ser vivo, sobreviviendo y evolucionando.

De esta forma, podemos afirmar, como una ley general, que todo el universo (es decir, toda la materia, todas las células, todos los organismos, todas las sociedades, etc.) tienen características definidas en función del objetivo principal de mantener vivo y maximizar la vida en todo el universo, o lo que es lo mismo, se dedican a realizar cambios en sí mismos y en su entorno para conseguir las mejores condiciones para la existencia de vida.

La existencia de genes que favorezcan la propia supervivencia sería sólo un caso particular de lo anterior, ya que de hecho, si cierta partícula o individuo tiene la misión principal de favorecer estadísticamente la supervivencia y evolución de todo el universo, actúa correctamente al favorecer la supervivencia de lo que es más cercano a él: él mismo. Aunque su misión no está ni mucho menos, como es lógico, limitada a este punto, e incluso éste no será su comportamiento primordial, sino simplemente, es el más fácil de llevar a cabo.

En cada caso, las reglas que definen el comportamiento en función del objetivo principal de mantener vivo y maximizar la vida en todo el universo serán distintas. Para el caso de una partícula, podemos distinguir las reglas:

- Permanencia temporal: una partícula en el instante t realiza una copia de sí misma que es depositada en el instante t+1.
- Inercia: una partícula mantiene en principio su dirección y velocidad.

- Reacción: una partícula deja de aplicar la inercia al encontrarse con otra.

En el caso de un ser humano podemos identificar:

- Búsqueda de pareja.
- Cuidado de la familia.
- Transcendencia social o cultural.
- Transcendencia espiritual.

¿Qué somos?

En palabras de Dawkins *nuestra propia existencia, presentada alguna vez como el mayor de todos los misterios, ha dejado de serlo porque el misterio está resuelto. Lo resolvieron Darwin y Wallace, aunque todavía continuaremos añadiendo observaciones a esta solución durante algún tiempo.*

Un aspecto pendiente de solución es el del origen de la gran diferencia entre hombres y otros animales en cuanto a inteligencia. La diferencia existe, y al ser ésta tan significativa (al menos subjetivamente, para nosotros, que por mucho que hablamos con nuestras mascotas no logramos que nos contesten), tendemos a pensar que el origen de la diferencia debe ser igualmente significativo.

Este desconocimiento deja la puerta abierta al antropocentrismo que tantas veces ha demostrado ser excesivo. Por ejemplo, en las falsas creencias, como que la Tierra es plana, o que el sol gira alrededor de ella; en el hecho de que ciertas razas humanas no fueron consideradas como tales por otras, o la consideración de la mujer como semi-humana. La ignorancia, la duda nos hace creernos superiores.

> Nos gusta creer que la ciencia es la noble búsqueda del conocimiento objetivo, y avanza siempre en servicio de la verdad, pero lo cierto es que los científicos encarnan los prejuicios de la época que les ha tocado vivir y, en su caso, el fanatismo intelectual entraña un especial peligro, ya que se pueden transmitir hechos falsos como dogmas del conocimiento que, a su vez, se convierten el el pilar sobre el que se elevan las fronteras morales. Por desgracia, la historia nos ha enseñado que, cuando se unen arrogancia y cultura, el resultado suele ser nefasto para los proscritos del universo moral de una cultura. [...]

> Desde tiempos de Aristóteles, padre filosófico del conocimiento científico en Occidente, la ciencia ha estado al servicio de la moralidad. El filósofo griego calificó a los hombres como los seres más perfectos de la creación, seguidos de los elefantes, los delfines y las mujeres, por este orden. Tendrían que pasar dos milenios para que a un hombre se le negara el derecho de pegar a su esposa [...] Pero las fronteras morales de Occidente no excluían únicamente a las mujeres, sino también a los negros, asiáticos y los indios [...] Este bochornoso capítulo de la ciencia alcanzó su máximo exponente en la feria mundial de Saint Louis, en el año 1904, cuando un grupo de pigmeos y otras razas de "cultura e inteligencia inferiores" se exhibieron en jaulas que compartían con chimpancés y monos[79].

En los próximos años es muy posible que quede suficientemente claro el origen de la diferencia de inteligencia como para producirse un nuevo cambio de mentalidad, una nueva pérdida de antropocentrismo y un incremento en el sentimiento de integración con el resto del universo perdiendo la *separatidad* de creernos dueños de él.

Son varios los factores que apuntan en el sentido de que pronto será posible abandonar hasta un nivel razonable el escepticismo acerca del origen de la inteligencia humana, descubriendo su origen. La mayoría de los apuntes que a continuación numero han sido extraídos (y adaptados) de las explicaciones de Roger Fouts en "Primos hermanos".

-   La inteligencia artificial consigue máquinas con algunos comportamientos que al menos antes de que las máquinas los realizaran, se consideraban inteligentes. Esto ayuda a perder el sentido mágico de la inteligencia, pues los programas de inteligencia artificial pueden ser explicados sin recurrir a argumentos sobrenaturales. El antropocentrismo temeroso de perder su posición privilegiada deja de considerar estos comportamientos como inteligentes. Como muestra de ello, programas que se consideraban inteligencia artificial dejan de serlo. La postura opuesta, más responsable y coherente, reconoce el acercamiento entre máquinas y hombres en el aspecto de la inteligencia, en vez de redefinir continuamente la inteligencia.

---

[79] Next of Kin (Primos hermanos). Roger Fouts.

- El estudio de sistemas de comportamiento no lineal nos ayuda a imaginar que el resultado de varios factores no tiene por qué ser su suma, pudiendo ser su producto. Por ejemplo, imaginemos que la inteligencia de los seres humanos es el resultado de los factores:
  o Manos con dedos para poder manipular el entorno con facilidad
  o Bipedismo: Postura erguida para el manejo de objetos
  o Laringe capaz de efectuar sonidos complejos, a pesar del peligro de atragantamiento que esto supone
  o Encefalización: Un cerebro suficientemente grande
  o Fuerte dependencia materna, que fomenta el lenguaje y la relación social
  o Disponibilidad de cierto tipo de alimentos para el desarrollo del cerebro
  o Cierta promiscuidad sexual que fomenta la complejidad social
  o Capacidad de imaginar, simular, representar mentalmente introduciendo factores pseudoaleatorios

Si el origen de la inteligencia son estos factores (u otra lista parecida), la inteligencia no tiene por qué ser la suma de estos factores, podría ser su producto, es decir, podría ser necesario que existieran todos los factores y todos en un grado suficiente. En caso contrario no se observaría mas que un remoto parecido con la inteligencia humana aunque el grado en que se presenten los factores sí fuera similar en muchos de ellos.

- La inteligencia de un bebé humano es bastante inferior a la de un gato adulto. ¿Por qué darle un sentido mágico? El bebé humano tampoco nos contesta cuando le hablamos, y sin embargo no dudamos que se trata de una "persona pequeñita".
- Nuestras mascotas no nos contestan hablando porque no tienen un mecanismo de habla similar al nuestro, pero en el lenguaje de gestos es perfectamente posible la comunicación. El éxito de este método con los chimpancés y sus implicaciones son descritas por Roger Fouts en "Primos hermanos".

Conocer el origen de la inteligencia humana, conocer aquello que nos diferencia de otros animales y saber que no es nada mágico, nada sobrenatural, tiene el efecto de acercarnos más al resto de los animales.

Si la diferencia entre chimpancés y hombres es básicamente la forma de la laringe, los chimpancés son nuestros *primos hermanos*, menos habilidosos que nosotros en algunas cosas. Pero iguales en todo lo demás. Con sentimientos. Con derechos. Por ejemplo, en algún panfleto publicitario sobre esterilización de mascotas, se podía leer: *"Los animales no se reproducen por amor, ni por placer, sólo por instinto"*. Este tipo de afirmaciones cambiarían si se supiera que el origen de la diferencia entre animales y hombres no es cualitativa sino cuantitativa, aunque el resultado visible de esta diferencia sea (por ahora, aún en los comienzos de la ingeniería genética) tan grande. Todos los animales incluido el hombre se reproducen en cierta media por placer. Si *yo* humano siento placer al reproducirme, es lógico pensar que el vecino también lo siente, aunque no tenemos ningún medio de estar completamente seguros de esto. ¿Por qué pensar que un gato o una hormiga reina no lo sienten? Unos animales pueden ser más sensibles que otros, pero pensar que un cerdo realmente no sufre entre los gritos cuando lo están acuchillando es cerrar cobardemente a los ojos a la lógica más aplastante. Si todos estos factores (consciencia, sentimientos, inteligencia, instinto) son en definitiva: grises, graduales, cuantitativos; en vez de: cualitativos, absolutos, *todo o nada*; entonces ¿Por qué dejar al resto de los animales fuera de nuestro círculo ético? ¿Por qué no ampliar dicho círculo? ¿Por qué no convertir la línea divisoria en una franja gradual de infinitas líneas? ¿Por qué no intentar tender a hacer desaparecer estas líneas?

¿Hacia dónde nos lleva a nosotros la evolución?

Muchos autores entienden la evolución como un proceso de incremento de complejidad, materializándose esta complejidad ya sea en la aparición y proliferación de la vida, en la interrelación de los seres vivos, en el mejor aprovechamiento de los recursos, en el pensamiento, en la consciencia o en el espíritu, con una dirección más o menos constante o creciente. Sin embargo, para otros la evolución no tiene una dirección, se trata de una simple adaptación a un entorno cambiante. Y esta adaptación es la que puede producir en ciertos casos, seres inteligentes, (cuando la inteligencia es la característica más favorable), y en otros casos puede ser el tamaño o la resistencia ante radiaciones nocivas las características que son seleccionadas y dominen en la población.

Para unos, el secreto de la vida y la evolución está en aceptarla como es. *"La manada de camellos se componía de un macho, dos hembras adultas y una cría. Los penetrantes ojos de los cazadores vigilaban la manada. Más tarde me explicaron que se habían decidido a cazar la hembra más vieja [...] Su deseo de cumplir ese día el propósito de su existencia y dejar a los fuertes para que perpetúen la especie parece llamar a los cazadores."*[80] Se trata de cazadores con un nivel social además de espiritual y de consciencia elevadísimo, que conviven en comunión con la naturaleza, que dejan sus cuerpos muertos en el desierto para que sirvan de alimento a las fieras que después serán cazadas por otros; pero no dudan que es el débil el que debe morir; no en un acto cruel, sino de necesidad.

El darwinismo ofrece una explicación de por qué las cosas son como son, es un análisis histórico estadístico, mas que un método de predicción del futuro. Sabemos por qué las especies son como son: por la supervivencia del más apto (en realidad es una tautología: la supervivencia de lo que sobrevive); pero no sabemos qué especies existirán en el futuro: no sabemos qué será lo más apto en el futuro.

Si suponemos que existe una tendencia global de mejora (vulgarmente, "la raza mejora"), podemos realizar algo así como "predicciones hacia atrás" o "razonamientos hacia atrás". Básicamente se trata de pensar así: "Si cualquier cosa existe ahora mismo, tiene una probabilidad alta de ser algo muy apto". De esta forma "los seres que existen al final de un intervalo de tiempo cualquiera (por ejemplo, en el último año de un siglo), tienen una alta probabilidad de ser los más adaptados para este intervalo completo" (el siglo completo), siendo la probabilidad tanto mayor cuanto mayor sea dicho intervalo de tiempo. Bien pero, ¿adaptados a qué? ¿Al entorno de final de siglo o al entorno que existía a principio de siglo? Obviamente, los seres estarán adaptados al entorno de final de siglo pero también es bastante probable que lo estén para el entorno de comienzo de siglo. Es decir, si el entorno no cambia con mucha frecuencia, es posible que los

---

[80] En "Las voces del desierto", de Marlo Morgan.

individuos mantengan las características positivas de uno y otro entorno, especialmente si las van a necesitar. Esto es válido cuando los intervalos de tiempo son pequeños. Para intervalos grandes, los cambios de entorno pueden ser tan drásticos que no tenga sentido el concepto de "mejora continua". En cualquier caso, el código genético de un individuo no es infinito. El número de características que se pueden almacenar es limitado, y las "mejoras genéticas" obtenidas tras siglos de evolución pueden eliminarse por falta de aplicación, para dejar sitio a otras nuevas (al igual que las ideas).

A la hora de efectuar estos razonamientos hay otros aspectos que se deben tener en cuenta. Tomemos una población con una tasa de mortalidad infantil alta. Todos los vivos son hijos de los "vencedores", de los que pudieron reproducirse antes de morir, por lo tanto, todos los vivos tienen características de "ganadores". Sin embargo, muchos de ellos van a morir antes de reproducirse, van a ser "perdedores". ¿Son entonces los hijos mejores que el padre?

Imaginemos un proceso evolutivo en el que cada vez sólo sobrevive un individuo. Podemos pensar en cada individuo como si fuera un virus, un programa de ordenador, una idea, un libro o cualquier otra cosa que sea susceptible de selección, copia y error en el proceso de copia. Todos los hijos del superviviente son "fuertes" porque son hijos del superviviente anterior, pero también "débiles" porque la mayoría va a perecer.

"Me salvé de milagro" o *"Casi me mato"* son frases que se escuchan con cierta frecuencia. Cuando alguien ha estado muy cerca de la muerte y ha salido ileso, es tentador ofrecer una explicación sobrenatural al fenómeno. Pero no hay que olvidar que el relato que llega a nuestros oídos es el de los que sobreviven. Los que *casi se salvan* no pueden hablarnos. Hay un factor de ruido que distorsiona las predicciones con base evolutiva ¿El hijo de un gran futbolista será a su vez un gran futbolista? Una predicción más realista del hijo tendrá en cuenta no sólo las características de los padres, sino las de los hermanos de los padres.

En cualquier caso, el concepto de evolución como "mejora continua" debería admitir la posibilidad de "cambios de escala" o incrementos del "orden" o de las "dimensiones" del objeto de estudio. Por ejemplo, podemos estudiar el incremento de complejidad de las células. Pero si las células, en su evolución, forman un organismo pluricelular, y las células como tales, aparentemente detienen su evolución, no sería justo decir que la evolución se ha detenido, sino más bien que el objeto de estudio está evolucionando en una nueva dimensión, o simplemente que se ha convertido en otra cosa.

La pregunta "¿Tiene una dirección la evolución?" está relacionada con "¿Existe un factor externo que dirige la evolución?" Aparentemente, la evolución produce indefinidamente incrementos de vida y de complejidad, y nunca decrementos, pero no sabemos si en el futuro se puede producir una completa desaparición de la vida, y un nuevo comienzo del proceso, y sucederse ciclos de evolución que culminan siempre en el mismo punto, ya sea a nivel local, por la destrucción de casi toda la vida en planetas como la Tierra, o a nivel general en ciclos universales de *Big-Bang* y *Big-Crunch*.

Si creemos que existe una entidad que dirige de alguna forma desconocida el curso de la evolución, no sería extraño pensar que la evolución culmina con el Hombre, debido a las grandes diferencias que existen entre el Ser Humano y el resto de los animales, o al menos, que el Hombre es una especie en la que se ha materializado un incremento de complejidad tan grande que nos hace sospechar que tiene algo que ver con la dirección forzada de la evolución.

A esta opinión se puede oponer el argumento: Si el hombre es el ser más perfecto que puede producir la evolución según cierto criterio externo ¿por qué hay hombres distintos y no son todos iguales?

No es difícil rebatir esto: podría ser que el Hombre es el ser buscado en aquellas características que se pueden almacenar y transmitir genéticamente, por ejemplo, tener dos ojos y no cuatro o ninguno. Si una característica no es común a todas las personas, (como por ejemplo no lo son la simpatía frente a mal humor, o un instinto cooperativo frente a uno egoísta), podemos suponer o bien que no ha podido evolucionar por no almacenarse genéticamente, o bien que su estado óptimo no es uno u otro en todos los individuos, sino una cierta distribución, ya sea distintos valores para la población y constantes para cada individuo, o un valor que varía en el tiempo para cada ser.

En cualquier caso, es muy posible que aquello que busca la evolución dirigida por una inteligencia externa (si existe) sea sólo una característica siendo el resto sobrante. Para probar esto, tendríamos que encontrar una característica presente en el Ser Humano que no corresponda con algo evolutivamente estable en un modelo simulado (ya que el modelo simulado, -en principio- no podría ser interferido por dicha *inteligencia externa*), y que sin embargo sí sea seleccionada en la realidad.

Yo encuentro una característica (expresada de muy diversas formas) presente en los seres humanos (e incluso en los animales) que podemos pensar que se mantiene evolutivamente, aunque no corresponde con algo *necesariamente* evolutivamente estable. Esta característica es aquello que he intentado destacar como fundamental en todos los seres vivos, con distintas palabras: el YO, el SENTIR, la capacidad de tener sentimientos REALES. No es necesario que uno realmente sienta para que se comporte como si sintiese. Usando un ejemplo de Penrose[81], de hecho no es necesario sentir dolor para retirar la mano del fuego (o para no dejar de respirar, etc.). El cuerpo humano, sin consultar a la mente consciente, y antes de llegar a sentir el dolor del fuego, ya se ha encargado de ejecutar un movimiento reflejo de retirada de la mano (o el movimiento de los músculos respiratorios). En estos ejemplos yo matizaría que tal vez el cuerpo (y mi "yo") sí llegue a sentir el dolor con la mano en el fuego, y por eso la retire, es decir, que tal vez el dolor comience antes de la retirada de la mano. En cualquier caso, no soy *yo* quien ha retirado la mano del fuego, mi *yo* no es consciente de haber decidido eso, en lo que respecta a esa acción me he comportado como un autómata, como un robot, como un ordenador. Si no es necesario ser consciente de lo que uno hace, para hacer las cosas correctamente, ¿por qué somos conscientes?

Felicidad

- Ser feliz es una ordinariez.
- Salud, dinero, amor, y tiempo para gastarlos.
- ¿El secreto de la felicidad? Buena salud y mala memoria.
- Es menester reír aún sin haber encontrado la felicidad, no sea que muramos sin haber reído nunca. (La Bruyere)
- La verdadera felicidad no es la que carece de problemas, sino la que sabe cómo superarlos.
- El dinero no hace la felicidad.
- El dinero no hace la felicidad. La compra ya hecha.

---

[81] Penrose, Roger. The emperor's new mind. 1ª Ed. 1989. Oxford University Press. Existe traducción al castellano (por García Sanz, Javier): La nueva mente del emperador. 2ª Ed. 1991. Mondadori España. Pág. 39.

- Existen dos maneras de ser feliz en esta vida, una es hacerse el idiota y la otra serlo. (Sigmund Freud)
- Sólo hay una forma de ser feliz. Serlo *ahora*, en este mismo instante.

La cooperación requiere de hombres felices, personas que aman la vida. Es preciso encontrar la forma de que salgan de su estado los *zombis* que dieron ya su vida por muerta y sólo viven por la pereza de no suicidarse, quizás con una vaga esperanza en que su situación cambie.

> "No hay posibilidad de descubrir un sistema que evite las guerras en nuestra sociedad mientras los hombres sean tan desgraciados que el exterminio mutuo les parezca menos horrendo que el soportar constantemente la luz del día." (Erich Fromm)

La felicidad se tiene en cuenta sobre todo cuando se está bien lejos de ella. Curar una depresión, o simplemente recuperar la ilusión por la vida... son problemas complejos. Cada uno intenta resolver los suyos propios y tal vez intenta ayudar a resolverlos a las personas más cercanas. También hay profesionales o voluntarios de diversos tipos que intentan ayudar a otros en este sentido. Pero todos coinciden en observar grandes dificultades; no hay "recetas mágicas". Traducido a términos formales, tal vez podríamos hablar de la ausencia de algoritmo, o tal vez se trate simplemente de que interviene un número excesivo de variables.

Parece razonable aceptar que se trata de un problema que se nos escapa de las manos. Efectivamente, *"El hombre razonable se adapta constantemente al mundo. El hombre no razonable persiste en querer adaptar el mundo a sí. Por consiguiente, todo progreso depende del hombre no razonable."* (George Bernard Shaw).

Amor

Quiero y no quiero querer
a quien no queriendo quiero
y he querido sin querer
y estoy sin querer queriendo

Si por que te quiero
quieres que te quiera mucho más
te quiero más que me quieres
¿que más quieres, quieres más?[82]

> "Quien ama a Dios y no ama a los hombres, es un beato. Quien ama a los hombres, y no se ama a sí mismo, ingresará conmigo en Alcohólicos Anónimos." (No es anónimo, pero no lo recuerdo.)

Tanto la cooperación como el altruismo han sido definidos en términos "objetivos", relativos al beneficio obtenido. Para el ser humano consciente, cuyas necesidades son bien complejas, no basta con obtener el máximo beneficio. Existe una necesidad superior, en un plano distinto al del beneficio propio, originada por el deseo de "no separatidad". Es algo así como el deseo de no sentirse sólo en el universo, una forma de dar sentido a la vida y enfrentar la muerte. Supongamos que la muerte conlleva la desaparición del individuo -al menos, cuando uno se muere, se muere-. Quién sabe qué pasará después. ¿Cómo seguir obteniendo el máximo beneficio, cuando el "yo" desaparece? Sólo cabe una solución. *Des-egotizarse*. Se ha de extender el "yo", extenderlo en los hijos, en los familiares, en los amigos, en la humanidad entera, en todos los seres vivos o incluso en toda la materia del universo. No ser sólo un hombre; ser una célula. Ser parte de un ideal, transmitir lo fundamental de uno mismo en un libro, en un proyecto político o en una creación artística. La vida es como el tiempo y el dinero, pierde el sentido si no se tiene en qué gastarlo.

Estas alternativas parecen desesperadas y propias de un moribundo, pero la necesidad de "no separatidad" es constante a lo largo de la vida. Como describen Bertrand Russell y Erich Fromm, de todos los caminos posibles, el amor es aquel que ofrece la mejor respuesta. El amor es la única actitud ante la vida capaz de superar a la muerte.

> "Hemos llegado a un período de la evolución que no es la etapa final. Debemos pasarlo rápidamente, porque, de lo contrario, la mayoría de nosotros perecerá en el camino, y los demás quedarán perdidos en un bosque de miedos y de dudas. [...] Para encontrar

---

[82] Desconozco el autor.

el buen camino fuera de esta desesperación, el hombre debe ensanchar su corazón, como ha ensanchado su cerebro." (Erich Fromm)

Si esto fuera cierto, la sociedad actual edificada sobre el pilar de la propiedad privada (y no sólo referida a los bienes materiales) tal vez no sea más que un bache en el camino de la evolución humana hacia una sociedad que facilite el desarrollo del amor, entre sus individuos y entre todos los seres vivos.

La muerte no deja de ser un problema por ser aparentemente irresoluble. El amor se propone como "la mejor solución" o incluso como "la solución por excelencia" al problema de la muerte. Pero el éxito de la aplicación de esta receta casera, fruto de toda la humanidad, depende de los casos. En el peor caso, podemos decir que el amor tiene sentido, y que la muerte no. En el mejor caso, el amor triunfa sobre la muerte y sobre la vida.

5. Libertad

Hay sistemas complejos cuyo comportamiento parece impredecible, o incluso lo es. El hombre es uno de ellos. En los cuatro primeros capítulos hemos podido intuir que la Inteligencia Artificial (mezclada con un poco de imaginación o Ciencia-ficción) puede crear Vida Artificial, utilizando para ello las mismas herramientas que la evolución natural. Pero la pregunta importante no es si podemos crear realmente vida, sino qué somos cada uno de nosotros, y más concretamente, que soy *yo*. En este capítulo vamos a analizar el concepto de libertad y los límites del conocimiento.

Atrapado en el tiempo

> "Siempre estoy repitiendo el mismo día, una y otra vez... Ahora a esa camarera se le caerá la bandeja con los platos" (Efectivamente, se cae la bandeja que lleva la camarera y el protagonista continúa hablando) "¿Lo ves? Sé todo lo que va a suceder, soy Dios. O tal vez Dios no es Dios, pero le ocurre lo mismo que a mí: lleva tanto tiempo observándonos que sabe todo lo que va a suceder."[83]

Juguemos: Si tomáramos como hipótesis de partida que ciertas personas pueden acceder al conocimiento de al menos parte del futuro, no mediante el razonamiento y la predicción lógica a la que todos estamos habituados, sino directamente, sabiendo el futuro, como se sabe lo que uno hizo ayer, sería razonable tener en cuenta la hipótesis de que nuestra vida entera está ya "escrita" y que simplemente estamos releyendo su "libro".

---

[83] Tomado de la película "El día de la marmota" ("Atrapado en el tiempo").

Pero dado que el libro fue escrito una vez, y dado que algunas personas demuestran la habilidad de realizar saltos en el proceso lineal de su lectura, ¿Por qué no plantearse encontrar alguna forma de tachar y rescribir algunos párrafos? E incluso, si nuestra vida está ya escrita en un libro, ¿por qué no proponerse dejar de una vez el libro en la estantería y salir a dar una vuelta por el parque?

Este razonamiento, considerado simplemente como metáfora, con independencia de la veracidad de la juguetona hipótesis de partida, aporta nuevos puntos de vista en la reflexión existencial del Hombre: "¿Quién soy?", "¿Dónde estoy?" y "¿A dónde merece la pena ir?".

Algunas incoherencias que admitimos con total naturalidad

> "El cerebro es una máquina que se encarga de detectar patrones, regularidades o leyes en el Universo. El cerebro comprime o representa la realidad mediante reglas o leyes. Estas leyes son las que nos permiten prever el futuro, y más concretamente, nos permiten prever las consecuencias de nuestros posibles actos, de forma que podamos elegir la mejor de las alternativas de entre todas las disponibles en cada momento".

El párrafo anterior es aparentemente coherente, pero comete importantes omisiones y es bastante contradictorio. Vamos a rescribirlo con algunos matices, para ser más precisos y después vamos a localizar la contradicción subyacente.

> "Un cerebro natural (humano o animal) o artificial es una máquina que entre otras cosas se encarga de detectar patrones, regularidades o leyes en el Universo. El cerebro comprime o representa, mediante reglas o leyes (o mediante alguna cosa análoga), y con un grado de calidad determinado, parte de la realidad a la que puede acceder o percibir (o más bien, la realidad objetiva que cree percibir, es decir, su realidad subjetiva). Estas leyes son las que permiten al cerebro prever el futuro, y más concretamente, prever las consecuencias de sus posibles actos, de forma que pueda elegir la mejor de las alternativas de entre todas las disponibles en cada momento".

La ciencia se propone sistemáticamente explicar fragmentos de la realidad cada vez mayores mediante un conjunto de normas, algoritmos, reglas o fórmulas de cualquier tipo cada vez más pequeño y simple, que faciliten su aplicación para resolver problemas.

Esta intención tropieza con dos obstáculos fundamentales. Una de ellas es que, obviamente, las regularidades del Universo no se pueden comprimir indefinidamente. El Universo no es completamente heterogéneo (todo azar), pero tampoco completamente homogéneo (como presuntamente lo fue "antes" del *Big-Bang*).

El otro obstáculo importante es que frecuentemente la aplicación de las reglas no produce los resultados esperados debido a la propagación de errores con efecto multiplicativo. En este contexto se habla de *fenómenos caóticos*. La ciencia se encuentra con que lo que aparentemente era una buena simplificación de la realidad, no lo es, y no hay forma de hacerlo mejor.

Por ejemplo, esto ocurre cuando intentamos modelar un sistema económico, social o incluso el juego de billar con varias bandas o rebotes. Por una parte parece que nunca se terminan de incluir suficientes elementos en el modelo. Por otra, cada variable parece necesitar un grado de precisión que tiende a infinito. En definitiva, estos sistemas se resisten a ser representados de forma que su representación sirva para hacer predicciones fiables.

Estos sistemas son no-predecibles, pero por ello no vamos a concluir que posean libre albedrío. Sin duda sería una conclusión precipitada. Un sistema podrá tener libre albedrío o no. Un sistema totalmente predecible no parece tenerlo[84], pero un sistema, sólo por el hecho de ser impredecible, no debería recibir la etiqueta de "libre".

Esto parece muy sencillo de entender y aceptado por la mayoría de las personas, pero existe una gran excepción: ¿Qué opinamos del asunto cuando el sistema objeto de estudio es el Hombre?

El improbable libre albedrío tal cual

Parece bastante honesto reconocer que no tenemos muy clara la existencia o no de nuestro libre albedrío. Si justificamos la existencia de nuestro libre albedrío con la capacidad de ser impredecibles, debe-

---

[84] Esto no está tal claro como pudiera parecer. ¿Acaso un sistema no podría ser libre y en su libertad, decidir comportarse siempre de la misma forma, y por tanto ser predecible? Este sistema sería "teóricamente" impredecible, pero predecible "en la práctica".

ríamos reconocer también el libre albedrío de una mesa de billar, y esto no parece muy correcto.

En cuanto a la experiencia subjetiva del libre albedrío, por una parte, tenemos la sensación de que tomamos decisiones, y sobre todo tenemos la intuición de que podemos jugar un papel consciente y volitivo significativo en el Universo. Pero por otra parte son innumerables los casos en los que reflexionamos sobre nuestro pasado y observamos abundancia de comportamientos automáticos, maquinales e inconscientes en nuestros actos.

En el párrafo que estamos debatiendo, existe implícita una actitud sesgada, incoherente, paradójica o desequilibrada, que sin embargo es asumida con naturalidad por la mayoría de las personas. Se trata de lo siguiente: El Universo se presupone fundamentalmente predecible y por tanto sin voluntad, sin poder de decisión, sin libertad. En cambio, el cerebro (y por extensión, el ser humano), que también es un objeto del Universo, se presupone fundamentalmente capaz de tomar decisiones, es decir, libre, y por tanto, impredecible.

Sin duda el ser humano es libre, esencialmente impredecible, volitivo; y en cambio los objetos que lo rodean son fundamentalmente predecibles, sin voluntad. Sin embargo, la libertad del ser humano, en mi opinión, no consiste en aquello a lo que comúnmente identificamos con la palabra libertad, sino que se trata de algo mucho más trascendente.

Pienso que aquello que hace al ser humano libre no es su complejísimo cerebro, ni su comportamiento impredecible, sino su capacidad de amar, obtenida gracias a su subjetividad. Los actos de amor son los únicos actos libres.

Si entendemos la palabra libertad según su significado habitual, el ser humano es simplemente otro objeto más del Universo, teóricamente predecible, pero impredecible en la práctica, lo mismo que las bolas de billar.

Para entender el significado auténtico (trascendente) de la palabra libertad, reconozcamos en primer lugar la ausencia de libertad en el sentido habitual de la palabra, y tomemos esta ausencia como una juguetona hipótesis de partida. Olvidémonos por un momento de la subjetividad y de la trascendencia, e intentemos ponernos en un punto de vista no-humano (extraterrestre) y consideremos al ser humano como una maquinaria más del Universo, ajena a nosotros mismos. No es difícil en ese caso presuponer la falta de libre albedrío del hombre.

Precisamente, esta presunción es aquello que estamos acostumbrados a hacer como investigadores.

Comienza el juego: Pepe ve retales del futuro

Una vez reconocida la fragilidad del libre albedrío, vamos con el juego y la hipótesis: Pepe ve retales del futuro. No sabemos cómo lo hace, pero de vez en cuando parece conocer por anticipado cosas que van a suceder.

No pretendo convencer al lector de que tengo un amigo llamado Pepe que es capaz de ver el futuro. Lo planteo como quien se compra un billete de lotería. Por lo general, una persona racional que reflexione suficientemente sobre ello no compra un billete de lotería con el objetivo de ganar el dinero del premio. Es lógico: comprar un billete de lotería no hace probable ganar el premio. Pero lo hace posible. Esta posibilidad es un gran aliento para la imaginación y la fantasía, y eso es lo que compramos al comprar lotería: ilusión, o al menos, imaginación y fantasía. Sin duda poseer una gran cantidad de dinero conlleva algunas responsabilidades y preocupaciones que son mucho más fáciles de imaginar comprando un billete de lotería.

Compremos entonces un billete de predicción del futuro, e imaginemos. Pepe ve retales del futuro. No todo el futuro, sólo cosas triviales, y además de una forma incontrolada que impide sacar un provecho "material" de estas predicciones (no, Pepe no predice los números premiados de la lotería). Deberíamos descartar predicciones lógicas, realizadas mediante la razón, aunque sea inconsciente. También deberíamos descartar que Pepe esté mintiendo o que simplemente cree para sí mismo falsos recuerdos de predicciones pasadas de un futuro que ahora es presente. No. Pepe, no sabemos cómo, sabe que ciertas cosas triviales van a suceder, y de hecho, suceden.

De reconocer esto a reconocer que toda nuestra existencia y la del Universo completo esta predestinada hay pequeño un paso. El habitual reduccionismo de interpretar todo el Universo como un enorme sistema formal (matemático, discreto) presupone precisamente esta predestinación.

El probable libre albedrío esencial

Hasta aquí hemos aceptado dos hipótesis. La primera es que el ser humano no es libre en el sentido habitual de la palabra, sino que se comporta como una máquina, al igual que los objetos de su entorno, y que por tanto todo su futuro está predestinado, aunque en la práctica no sea posible calcular ese futuro. La segunda hipótesis que manejamos es que, de todas formas, para algunos, es posible tener conocimiento de los sucesos de ese futuro.

Se podría pensar que si el Universo se comporta como un gran sistema formal, sería posible acceder al futuro simplemente realizando complejos cálculos con los datos del presente. Sin embargo, estos cálculos son realmente complicados. Aunque "teóricamente" se pueda predecir el estado de un sistema formal discreto, esto no quiere decir que "en la práctica" sea posible hacerlo, ni aún poniendo a funcionar todos los computadores del mundo con esta tarea. En la hipótesis que seguimos, Pepe no usa ningún tipo de cálculo ni de lógica o razonamiento para conocer el futuro a partir de los datos del presente. Simplemente, lo conoce.

Una cosa es que la realidad esté predestinada, y otra distinta es que además, sea posible "ver el futuro" como lo hace Pepe, es decir, sea posible realizar saltos en esa secuencia predestinada de la historia. Si la historia predestinada es análoga al movimiento continuo en una línea (una dimensión), mi amigo Pepe es capaz de moverse con cierta libertad no habitual en esa línea, saltar al futuro -al menos como entidad perceptora-, ver lo que hay allí y volver para contarlo (o son los hechos futuros los que viajan al pasado como información para llegar a Pepe como entidad perceptora).

De la analogía de la línea podemos pasar, evidentemente, a la posibilidad de la existencia de un plano (dos dimensiones) o incluso muchas más. Todo esto sugiere que, paradójicamente, la predicción del futuro no implica la falta de libre albedrío sino todo lo contrario. Sin duda esto es algo muy confuso, y trataré de aclararlo. De una forma más precisa, podemos decir que la predicción del futuro implica la falta de libre albedrío tal como se entiende normalmente, pero simultáneamente presupone la existencia de *otro tipo* de libre albedrío. Veámoslo con más detalle.

Muchas personas han experimentado alguna vez ser capaces de predecir, probablemente por casualidad, algún hecho del futuro. En el momento de descubrir que se hace cierta la predicción, es habitual experimentar un estado de *shock* mental (en sentido metafórico) que detiene el cuerpo y la mente. La sorpresa nos detiene. Este puede ser un indicio de que la libertad va asociada a la inacción. Tal vez sólo seamos libres para no-hacer; tal vez todo lo que hacemos corresponda con la falta de libertad, y sólo seamos libres no-haciendo; no en un sentido literal, sino más bien asociado a lo que comunmente identificamos como voluntad: no deseando egoístamente.

Asumiendo las hipótesis de partida, una explicación es que la historia del universo esté ya escrita, y que todo suceda, tal como esta predeterminado, de principio a fin, pero una sola vez. Otra posibilidad es que la historia escrita se repase una y otra vez indefinidamente, y que las "visiones" del futuro sean "recuerdos" de las "vidas" anteriores, que por alguna razón, son accesibles desde "algo" que permanece en las sucesivas revisiones de la historia. Esto es negar el libre albedrío "tal cual". Sin embargo:

En cualquier caso, si el libro de la vida fue escrito una vez, y algunas personas demuestran la habilidad de realizar saltos en el proceso lineal de su lectura, debe haber alguna forma de dejar de leerlo, de tachar y rescribir algunos párrafos, e incluso debe existir alguna forma de dejar de una vez el libro en la estantería y salir a dar una vuelta por el parque.

Si por otra parte, estuviéramos atrapados en un bucle, "recordando" una y otra vez nuestra vida pasada, que tal vez sólo vivimos realmente la primera vez, o que tal vez no hemos llegado a vivir realmente nunca, parece más que urgente encontrar alguna vía para salir de esta trampa[85]. La divertida película "El día de la marmota" ("Atrapado en el tiempo") ilustra con gran acierto esta posibilidad. En la película, sólo el amor permite salir del maldito bucle.

---

[85] *El mundo es una prisión y nosotros somos los prisioneros: ¡haz un boquete en el muro de la prisión y sal de ella!* Jalal al-Din Rumi. (Masnavi I, 982).

Finalmente: ¿el hombre es libre o no?

En el artículo "¿Qué es el sufismo?[86]", Javad Nurbakhsh dice:

> Al inicio del camino espiritual [...] el viajero debe creer en el libre albedrío [...] En efecto, sólo ejercitando su voluntad podrá eliminar sus tendencias pasionales [...] y prepararse para ser adornado con los Atributos Divinos. Sólo podrá alcanzar su objetivo sublime mediante la atracción Divina conjugada con su esfuerzo individual [...] Pero debe señalarse que en las etapas realmente avanzadas de la Senda [...] [el viajero] cree entonces en el determinismo, aunque en el contexto de la absoluta libertad. Esto es porque ahí ya no existe el ego individual, y todo lo que realiza el sufí es por voluntad Divina.

Nurbakhsh da por tanto dos respuestas opuestas al asunto del libre albedrío, planteadas como una ayuda desde el punto de vista práctico, para recorrer el camino espiritual. Yo comparto esta interpretación, que creo que puede aplicarse de forma extendida a todos los hombres, estén o no formalmente en un camino espiritual. Cuando conocí esta respuesta sufí al dilema del libre albedrío, me quedé totalmente impresionado.

En resumen diré que el hombre corriente es, o bien libre para eliminar, poco a poco, sus tendencias negativas, o bien esclavo de estos impulsos pasionales. En cambio, cuando el hombre llega a perder el ego, cuando el hombre se libera de sus ataduras, de su egocentrismo, el hombre como tal ya no existe y sólo queda la amorosa voluntad Divina, que es paradójicamente determinista (todo amor y sólo amor), a la vez que representativa de la más absoluta libertad.

Cómo modificar el presente tal cual

Si vivir es "leer" ¿Qué cosa será "escribir"? Es decir, en la analogía, nuestra *realidad* la "leemos" o "recordamos" secuencialmente. *Cambiar* nuestro presente sería: "escribir" en vez de "leer", o: "imaginar" en vez de "recordar". Con la fuerza de la súper-imaginación podemos dejar de "recordar" e "imaginar", es decir, hacer algo que a

---

[86] Publicado en el *Instituto de Investigación sobre la Evolución Humana.* www.iieh.org/ doc/ doc200205090001.html

nuestro nivel supone cambiar el curso de los acontecimientos de *cualquier* forma deseada. La dificultad estriba en que lo que habitualmente llamamos "imaginar" es simplemente "recordar imaginar" (ya que lo que llamamos "vivir" es simplemente "recordar haber vivido").

Si consiguiéramos súper-imaginar, dejaríamos de recordar, y *crearíamos* la realidad.

Tal vez ante tanta capacidad, exista algún "mecanismo de control y seguridad" que impida imaginar realmente (crear realidad) a no ser que uno se encuentre en un estado absoluto de pureza y bondad. El poder incontrolado produce autodestrucción, y al no ser evolutivamente estable, no es probable: si aparece, desaparece rápidamente. Es posible que Dios nos deje crear todo lo que queramos, y que suceda todo cuanto queramos, siempre que seamos absolutamente puros en el momento de desearlo. En caso contrario, sólo nos deja recordar nuestra vida que vivimos una vez o tal vez nunca, y que ahora recordamos infinitas veces.

La fantasiosa posibilidad de "Crear la realidad" tiene una explicación que va mas allá de su aparente imposibilidad. Si aceptamos que la realidad es intrínsecamente subjetiva, modificar la realidad es modificar la percepción subjetiva de la realidad. El concepto de realidad subjetiva, llevado a sus últimas consecuencias, implica que lo que no se percibe no existe y que lo que se percibe existe.

Digamos que hay dos formas de cambiar la realidad (subjetiva, interna): una es, siempre que se pueda, cambiar la realidad objetiva externa; esto es: ir, hacer, manipular, aquello que está a nuestro alcance. El cambio externo producirá el cambio interno. Otra posibilidad es cambiarnos a nosotros mismos, lo que provocará sin duda un cambio en cuanto a nuestra creencia acerca de cómo es la realidad.

Aquí no se propone modificar de la realidad subjetiva interna cuando ésta es referida a objetos externos para "cerrar los ojos a la realidad" y "engañarse a sí mismo". Puede ser un "último recurso" para evitar el dolor, pero la capacidad de modificación de la realidad subjetiva puede utilizarse de una forma mucho más responsable y útil.

La modificación del estado real (subjetivo) puede aplicarse, no respecto de los sucesos externos, sino respecto de los internos, de forma que nuestra actitud interna sea menos egocéntrica, más amorosa, utilizando esta modificación para que el comportamiento externo sea más adecuado.

La naturaleza nos ha programado para sentir placer y dolor. Para ello nos ha dotado de un cerebro que nos permite sentir multitud de sensaciones que no podemos elegir. Es posible que en el futuro la evolución nos libre de este lastre, y podamos ser libres para tener o no ciertas sensaciones, pero por ahora no lo somos. La capacidad de tener estas sensaciones está dentro de nosotros, pero normalmente no podemos controlarlas, y afortunadamente, pues están determinadas para favorecer nuestra supervivencia, que se vería comprometida sin ellas.

Sin embargo, esta en nuestra mano mejorar este auto-control y conseguir una mayor armonía con nuestro entorno. Por ejemplo, el fallecimiento de un ser querido es una realidad externa que produce tristeza, y a veces angustia, desesperación y fuerte depresión. Este hecho, a pesar de su tristeza, puede unirnos aún más con otros seres queridos, o tal vez nos haga separarnos y entristecernos cada vez más.

Perder por unos segundos el metro o el autobús cuando tenemos prisa, es una situación que puede provocar una pequeña impaciencia, cierta excitación, nerviosismo, incluso estrés, angustia y desesperación. Pero también lo absurdo de la situación puede provocar risa y buen humor.

Ante un inconveniente, somos libres de intentar modificar nuestro estado subjetivo interno, ya sea negando la realidad externa, tal vez distrayendo la mente, por ejemplo viendo la televisión, o eliminando de nuestra subjetividad el sufrimiento que consideremos inútil, creando en nosotros una interpretación positiva y constructiva de la sensación.

Sin embargo, ambas opciones son fruto de la voluntad, y paradójicamente, es posible que la libertad auténtica se encuentre en el terreno de la no-voluntad (entendida como no-ego). Dicho de forma alegórica: habitualmente asociamos la idea de libertad con un amplio espacio libre, llegando su máxima expresión en el universo completo rodeado del ancho vacío sideral; y representamos la falta de libertad mediante la inmovilidad de una cárcel minúscula, en un espacio reducido. Sin embargo, con esta visión olvidamos que el universo tal como lo entendemos sólo existe en nuestra cabeza; que aquello que concebimos infinito no es mas que un concepto limitado encerrado en la cárcel de nuestro cráneo, y que en lo más interno de nosotros mismos, en lo más ínfimo, puede estar la llave que abra la puerta a la verdadera realidad interna y externa.

Cómo modificar el presente esencial

Otra forma de plantear el asunto es la siguiente: *"Si el universo completo es simplemente algo que existe dentro de nuestro cráneo ¿qué es lo que hay fuera de nuestro cráneo?"* Desde este planteamiento, cambiar el curso de los acontecimientos de *cualquier* forma deseada no sería tan importante como los cambios realizados sobre aquella "realidad esencial", ya que, cambiando nuestro entorno, la "realidad" que cambiaríamos sería sólo este sueño, este recuerdo, este libro que nos encontramos leyendo. La realidad auténtica o esencial es aquel lugar donde estamos soñando, o muertos, en una especie de limbo, esperando y esperando...

¿Esperando qué? Esperando una forma de cambiar la realidad esencial. Al igual que en la película ¿será el amor el que nos permitirá salir del maldito bucle?

Amor, libre albedrío y muerte

Lector: El asunto que planteas es el de la libertad del ser humano, es decir, la duda acerca de si somos libres o si por el contrario, no lo somos, y simplemente lo que nos ocurre es que no tenemos capacidad de predecir todo lo que vamos a hacer.

Autor: Así es, aunque yo planteo el asunto en dos niveles distintos. En uno concluyo que no somos libres, y en el otro que sí lo somos.

Lector: Vamos por partes. Si admitimos que el ser humano es únicamente el resultado de materia (el cuerpo, los alimentos consumidos, el aire respirado, los genes...) más las impresiones, vivencias, recuerdos... no hay lugar para el libre albedrío.

Autor: Efectivamente. Eso es a lo que me refiero con el "primer nivel". Si somos eso, desde ese punto de vista, no somos libres.

Lector: No sé a que otro nivel te refieres. ¿Qué más es el ser humano? Es decir, si le quitas la parte física (cuerpo, cerebro, órganos...) y la parte psicológica (recuerdos, traumas, valores, aptitudes, capacidades, miedos, perversiones...) ¿Qué queda? Yo digo que no queda nada. Lo único que me parece que podría quedar son las impresiones que esta persona haya podido producir en otras personas, o en el mundo. Pero eso no es una existencia real, sino sólo huellas que esa persona dejó antes de desaparecer.

Autor: Desde mi punto de vista, las huellas dejadas en los demás o en el mundo tampoco se pueden considerar suficiente existencia, salvo que hayan sido actos de amor. En mi opinión, "lo que queda" si eliminamos lo físico y lo psicológico es la subjetividad propia. De todas formas, creo que estamos mezclando dos asuntos que debemos separar:

- Uno de ellos consiste en saber que hay en un ser humano vivo, además de lo físico y lo psicológico. Yo digo que es lo sensible y lo subjetivo. Y esto no ocurre sólo con los hombres. Ocurre también, al menos, con el resto de animales. El cine y el teatro son ejemplos de que es posible aparentar sentimientos que no existen. Por tanto, no existe una dependencia unívoca entre los sentimientos reales y la física del cuerpo. Puede existir un sentimiento sin que exista el comportamiento corporal al que lo asociamos habitualmente.
- El otro asunto es el de saber qué es aquello que se mantiene después de muertos, si es que hay algo. Para esto, es fundamental aclarar bien la cuestión anterior, es decir, *qué somos* realmente, a todos los niveles, incluyendo el asunto del libre albedrío.

Lector: Sólo podemos hablar de libre albedrío si partimos de la base de que el ser humano tiene alguna dimensión adicional a las dos dimensiones anteriores: física y psicológica. El libre albedrío requiere de alguna dimensión espiritual, mágica o algo por el estilo, en cualquier caso, de algo incomprensible.

Autor: Yo no estaría tan seguro de que la dimensión espiritual sea incomprensible, pero aunque lo fuera, tampoco creo que esto nos deba llevar a la decepción. Habitualmente todos somos muy exigentes con nuestra propia capacidad de entendimiento. Pensemos por ejemplo en algunas paradojas o contradicciones. Por su propia naturaleza, se trata de estructuras de conocimiento que no encajan perfectamente con nuestros mecanismos de lógica, pero que sin embargo algunas veces representan muy bien ciertas ideas. Por ejemplo: "Si tu jefe te da dos órdenes contradictorias, cumple las dos".

No parece demasiado importante comprender la dimensión espiritual, sino más bien desarrollarla. Si entender la dimensión espiritual, aunque sea mínimamente, ayuda a desarrollarla, tanto mejor. Comprender mínimamente lo espiritual sin vivirlo, aunque sólo sea de forma borrosa, debe ser análogo a comprender mínimamente un color sin verlo, aunque sólo sea de forma borrosa.

Lector: En el caso del problema del libre albedrío, ¿cuál es en tu opinión la dimensión humana que permite la existencia de éste?

Autor: Creo que el asunto está relacionado con la espiritualidad y las paradojas. Creo que cuando obramos mal, obramos inconscientemente. Como decía Gurdieff, es imposible hacer mal conscientemente. Si uno obra conscientemente, sólo es posible hacer el bien. Aquí la inconsciencia es análoga a la falta de libertad, y la consciencia es equiparable al libre albedrío.

Si obramos mal, es porque somos robots, inconscientes, esclavos de nuestro ego. Si estamos dominados por nuestras pasiones, es muy probable que obremos mal.

En cambio cuando hacemos el bien, somos realmente libres. Y si somos realmente libres, paradójicamente, sólo podremos hacer el bien. Cuando seamos libres no tendremos elección.

Lector: Entonces, tanto si obramos bien como si obramos mal, ¿no existe la libertad? ¿No es un poco peligroso admitir que el ser humano no es dueño de sus actos? ¿No crees que estos planteamientos justifican el obrar mal?

Autor: No, no lo creo en absoluto. Estamos hablando de situaciones ideales, sin matices. Además de los dos niveles de análisis que hemos desarrollado: el primero, que centra la atención en la materia y en el comportamiento, concluyendo que el hombre no es libre; y el segundo, referido a lo sensible, lo subjetivo y lo espiritual, donde sí somos libres (para obrar con amor), podemos hablar de un tercer nivel de análisis "práctico" que combina paradójicamente uno y otro.

Es decir, el ser humano debe conducirse en todo momento como si fuera totalmente dueño de sus actos. En algunos casos, no lo conseguirá y tal vez sus obras no sean obras de amor. En otros, sí lo conseguirá, y será libre. La mayoría de los casos, lo conseguirá en cierto grado.

Lector: Veo que finalmente haces una equivalencia entre libertad y amor. ¿Acaso no es esto algo forzado? Normalmente, no se consideran cosas iguales.

Autor: Piénsalo bien. Si fueras totalmente libre, si nada te fuera negado, si fueras omnipotente, ¿qué otra cosa querrías que lo mejor para todo ser sensible?

Lector: Entonces, ¿por qué Dios permite que sucedan tantas tragedias?

Autor: Ese concepto de Dios es infantil. Aquí no hablamos de Dios en ese sentido, sino del Amor. El amor del que hablamos existe en forma potencial, en ti, en mí y en todo lo vivo. Está en nuestras manos el desarrollarlo o no. No podemos invocar a otra entidad para que desarrolle el amor que está en nosotros. No nos pueden obligar a hacer el bien. Sólo podemos hacerlo cada uno de nosotros, por nosotros mismos.

Lector: Otro asunto: ¿Por qué relacionas subjetividad con espiritualidad? ¿Qué tienen que ver estas dos cosas?

Autor: Lo espiritual requiere de lo sensible y subjetivo. Lo espiritual se desarrolla en el amor, y sólo lo subjetivo puede amar. Para amar hay que ser alguien o algo subjetivo; algo sensible.

Lector: De todo esto ¿Podemos concluir algo acerca de lo que queda después de la muerte?

Autor: Después de muertos, lo espiritual permite que la subjetividad se sublime en el amor. Veámoslo capa por capa: lo material se transforma. Permanece, pero con otra estructura. Lo psicológico ya no es soportado por lo material, aunque pudiera haber una copia (una descripción de nuestra personalidad, por ejemplo). Como estos eran nuestros componentes no-libres, no son ahora de mucha importancia. Lo que queda es nuestra parte libre, nuestra parte de amor. El amor que nuestra subjetividad ha desarrollado es lo que queda. No es que "sólo" quede eso. Es que eso somos. La materia y la psique, incluyendo nuestro comportamiento, no son libres, así que ¿Cómo nos vamos a identificar con ello? Pero nuestro amor sí lo es. Eso somos, y lo somos siempre.

Lector: Mira, he de confesarte algo, yo ya he leído hasta el último capítulo del libro, y...

Autor: Te lo agradezco, me parece una hazaña memorable, de veras...

Lector: Si, si, muy bien, muy gracioso, pero a lo que voy, y no me interrumpas por favor. En este libro hay mucha palabrería, que si amor por aquí, que si subjetividad por allá, todo muy bonito, amor y libertad, paz y flores, pero mira: No me creo el cuento. Todo esto me parece una tomadura de pelo. La vida es sufrimiento, la vida está llena de dolor, la vida es un asco. ¿Que sentido tiene todo eso? ¿No dices que este libro da respuestas? ¿Dónde están las respuestas?

Autor: En primer lugar te diré que coincido bastante con tu descripción de la realidad: yo creo que "la vida" o "el mundo" (la realidad) son maravillosos, pero que habitualmente no estamos en el mundo, sino en una especie de infierno de dolor y sufrimiento. Creo que hay una vida maravillosa por ahí. Está por ahí, pero se nos escapa, y somos muy conscientes de ello, por ejemplo, cuando vemos cuán distinta es nuestra realidad de la hermosa realidad que pintan los anuncios de televisión.

Lector: Entonces, dime, ¿Por qué hay tanto dolor?

Autor: Tantísimo dolor y sufrimiento. Mira: yo creo que la vida consiste mucho más en evitar el dolor y el sufrimiento que en buscar el placer o la felicidad. Creo que todos vivimos como si tuviéramos un diablo detrás nuestro, pinchándonos con un palo.

No creo que los actos reprobables (me refiero a los de los demás, lógicamente) sean originados por una perversión en busca de placer. Más bien pienso que son un torpe intento de evitar el sufrimiento propio, por parte de una mente atormentada y confundida. Cuando somos nosotros mismos los que obramos mal, solemos tener una batería de justificaciones para explicar nuestro comportamiento, y esto es debido, no sólo a nuestro egoísmo, sino también a lo bien que nos conocemos.

El diablo nos pincha por aquí, y nos movemos para allá. Nos movemos al ritmo que nos marca el dolor o el miedo, y por eso a veces nuestra vida nos parece vacía, ya que todo lo que hacemos nos parece un reflejo automático que desarrollamos para poder seguir vivos, sufriendo lo menos posible, y nada más.

Lector: Me parece que eres uno de esos autores que en definitiva lo que ofrece es una serie de truquitos para ser felices, de dudosa eficacia. Aún suponiendo que estos apaños psicológicos tengan algún éxito, ¿Qué me dices del dolor físico? ¿Que hay de los desastres naturales? ¿Que sentido tiene todo eso?

Autor: Me parece bien distinguir, como propones, entre un dolor físico (o "dolor" a secas) y un dolor psicológico (podemos llamarlo "sufrimiento") aunque no veo que la diferencia aporte gran cosa para el tema que has propuesto discutir. Ambas cosas pueden ser muy desagradables y se trata de evitarlas.

Lector: Muy bien, pero ¿cómo? ¿No hay forma de que me respondas de una vez?

Autor: Como hemos dicho, una forma de evitar los pinchazos que da ese diablo metafórico que tenemos a nuestra espalda, es ir adaptándonos a esos golpes, anticipándonos en lo posible a los problemas. Esto es necesario, es imprescindible. Pero no es enteramente satisfactorio. En este libro se propone algo más, y por cierto bastante peligroso, que es darse la vuelta y enfrentarse a ese diablo y decirle: *"Oye majo, sí tú; a ti te hablo, diablo, ¿te quieres estar quieto de una vez con el palito ese?".* No estaría mal quitarle el palo de las manos y tirarlo bien lejos de nosotros.

Lector: Bien, ¿Y entonces, cómo podemos desarmar a ese diablo?

Autor: No tengo ni la más remota idea. Más bien, tengo algunas ideas, que he descrito implícita o explícitamente en distintas partes de este libro, pero no creo que tengan mucha importancia para los demás. Fundamentalmente este libro trata de argumentar que es posible realizar esto. El *cómo hacerlo* puede que se trate de algo muy personal. Subjetivo.

Lector: ¡Bah!... No me convences. Todo esto me sigue pareciendo palabrería hueca. Me aburres. Me aburres tanto que voy a dejar de leer y echarme un sueñecito...

Sueño, vigilia y consciencia

En esta sección doy mi opinión acerca de si existe, por lo general, un diferente nivel de consciencia asociado a los estados mentales de sueño y vigilia. Al contrario de lo que la gente piensa, creo que cuando dormimos, al menos en algunos casos, somos más conscientes, que cuando estamos despiertos. De hecho, dormidos recordamos lo ocurrido durante el día, pero despiertos muy difícilmente recordamos nuestros sueños.

Esto puede explicar por qué muchas veces, cuando despertamos, emocionados tratamos de explicar a los demás lo poco que de nuestros sueños somos capaces de recordar, mientras nuestros interlocutores se aburren con nuestras descripciones: esos recuerdos que tratamos de explicar nos evocan el estado de consciencia más elevado que ni siquiera sabemos que hemos perdido.

A continuación se trata el asunto de los distintos niveles de consciencia en función de los distintos estados mentales, como son el sueño o la vigilia.

Es habitual relacionar distintos estados mentales con distintos niveles de consciencia, entendida en este caso la consciencia como "darse cuenta de".

Por ejemplo, frecuentemente se asocia el estado de vigilia con un nivel de consciencia relativamente alto, mientras que un estado de euforia, de depresión, una borrachera, la ligera somnolencia o el dormir profundamente se asocian con niveles de consciencia inferiores.

Es difícil referirse a la consciencia sin tener en cuenta el objeto hecho consciente. Para hacerlo más fácil puede ser útil la siguiente metáfora: imaginemos que disponemos de un filtro de luz que permite que podamos ver una misma imagen, ya sea nítidamente y con un gran contraste, o por el contrario de forma borrosa y desenfocada. Un alto nivel de consciencia es análogo a poseer esta visión nítida, independientemente de cuál sea la imagen que estemos observando. Por ello, al tratar la consciencia, es recomendable que el lector piense no sólo en una "consciencia pura" (o subjetividad pura) sino también en ejemplos de aquello susceptible de ser el objeto consciente (ser consciente de estar vivo, de necesitar algo, de ser algo, de no serlo, de acertar, de equivocarse, etc.)

En este texto entenderemos la consciencia como la capacidad de "darse cuenta de", independientemente de "que" se trate. Es decir, no despreciaremos el objeto consciente onírico por el hecho de no pertenecer al presunto "mundo real" convencional, sino que únicamente nos fijaremos en algo parecido a la intensidad de la percepción.

Utilizando la analogía anterior, se puede decir que intentaremos observar si el "filtro" que utilizamos es un filtro nítido o borroso, independientemente de que la imagen que estamos observando sea una fotografía (análoga al sueño, por no-real) o una perspectiva de los objetos que se encuentran justo enfrente de nosotros.

Existen al menos dos indicios de que la popular consideración según la cual el sueño corresponde con un nivel de consciencia inferior a la vigilia, es algo precipitada:

Muchos hemos experimentado que ante un compromiso fijado a cierta hora, somos capaces de despertarnos, sin ayuda externa, y con bastante precisión, en el momento deseado. Parece como si el subconsciente (presuntamente menos-consciente) supiera de alguna forma el tiempo que ha transcurrido desde la última vez que consultamos el reloj. Darse cuenta del tiempo transcurrido con precisión es una buena señal de consciencia mostrada por este "sub"-consciente.

Por otra parte, es también totalmente habitual despertarnos recordando el sueño que acabamos de tener. Y sin embargo, acto seguido, observar cómo este sueño se difumina, y en la mayoría de los casos, llega a borrarse completamente de la memoria consciente, que es incapaz de recordar lo que hasta hace sólo un momento se vivía intensamente.

No parece descaminado entender el *yo* como la entidad sensible que experimenta situaciones, ya sea en el "mundo real" o en el "mundo onírico". Desde este planteamiento:

El *yo*, en estado dormido, al menos en algunos casos, parece capaz de medir bastante bien el tiempo sin ayuda de relojes.

El *yo*, en estado despierto, recuerda con mucha dificultad lo sucedido anteriormente, en el estado dormido.

Siguiendo el simple criterio de identificar "consciente" con "capaz de darse cuenta de", nos encontramos con que el estado de dormido no es menos consciente que el de vigilia, es mas, pudiera darse el caso de ocurrir justo al contrario.

Dormidos no olvidamos lo ocurrido en el día y prueba de ello es la muy frecuente situación de soñar con sucesos ocurridos en las horas anteriores.

Por otra parte, el sudor y la angustia de las pesadillas, así como el disfrute de los sueños placenteros nos indica que dormidos experimentamos los sucesos de una forma especialmente intensa.

Todo esto parece indicar que, al contrario de lo que la gente piensa, al menos en unos cuantos casos, cuando dormimos somos más conscientes de lo que ocurre (en nuestro sueño) y de lo que ha ocurrido (en el día de hoy), que en estado de vigilia.

Según esta interpretación, en el momento de despertarnos entramos en un nivel de consciencia inferior, por eso olvidamos casi inmediatamente el sueño que acabamos de tener. Los pocos recuerdos que podamos mantener del sueño, ya sean agradables o desagradables, nos parecen importantísimos, ya que nos evocan este estado de consciencia más elevado que ni siquiera sabemos que hemos perdido.

Da exactamente igual de qué trate el sueño que hemos tenido. Emocionados, tratamos de explicarlo a los demás, quienes normalmente serán incapaces de captar el fondo de lo que intentamos transmitir y se aburrirán con nuestras descripciones.

Un argumento contrario a la mayor consciencia del sueño frente a la vigilia, es el hecho de que en vigilia el mundo nos resulta inmenso y manipulable únicamente en nuestro entorno más próximo y mediante incómodas reglas; y sin embargo en sueños, la realidad es, al menos hasta cierto punto, manipulable a voluntad, lo que comparativa-

mente y en algunos casos, puede causar una falsa sensación de pleni-
tud.

Otro enfoque del problema puede destacar la separación entre una
y otra consciencia (vigilia y sueño), en una suerte de esquizofrenia
institucionalizada. Es decir, podemos entender que dormido hay una
entidad sensible, una consciencia, y despierto hay otra distinta. Dos
entidades espirituales en una misma materia. Y que esta separación
entre ambas sea la que explique el olvido de los sueños.

Aún con este punto de vista, a pesar de tratarse de dos entidades
distintas, las podemos comparar y llegar a la conclusión de que el
nivel consciente del sueño no tiene nada que envidiar al nivel consciente de vigilia.

No olvidemos la gran desventaja con la que cuenta el estado dormido: la dificultad para transmitir la experiencia a otros. Sin duda,
cuanto más cierto sea que el estado de vigilia sea menos consciente
que el estado dormido, menos capaces seremos de descubrir (en vigilia) que la vigilia posee menos consciencia que el sueño. Debemos
reconocer también las dificultades en sentido contrario. Aunque una
persona recuerda habitualmente tanto lo ocurrido durante el día como
algo ocurrido hace decenas de años que creía olvidado, ya que sueña
con ello, es problemático -y de mal gusto- que sea otra persona la que
moleste a quien duerme tratando de transmitirle información.

El análisis racional y la comunicación humana se producen en vigilia, y en este estado no es común recordar los sueños o se hace con
dificultad, así que es realmente costoso no minusvalorar el estado
consciente del sueño analizado desde la lejanía del consciente despierto, precisamente, debido a que el despierto es un estado menos
capaz de hacer este tipo de cosas.

En cambio, dormidos, debido a este nivel mas elevado de consciencia, podemos recordar, aunque distorsionados -y "distorsionados", según los criterios del estado despierto, obviamente- los sucesos
ocurridos en el día, de una forma más intensa.

Dicho de una forma casi humorística, lo que planteo es que ahora,
despiertos, mientras leemos este capítulo, es posible que no quedemos
convencidos de lo que aquí se dice y que pensemos que en este momento somos más conscientes que cuando dormimos. En cambio, por
la noche, soñando, nos daremos cuenta de que no es así, sino que
soñando somos mucho más conscientes, y vivimos los acontecimientos (soñados) más intensamente. Sin embargo, despertaremos y al
hacerlo, olvidaremos nuestro sueño y nuestra consciencia superior, y

pensaremos de nuevo, erróneamente, que despiertos somos más conscientes de lo que lo somos soñando.

Es mas, es muy probable que dormidos, experimentando este estado de consciencia más intensa, recordemos lo transcurrido en el día como un conjunto de tonterías absurdas, como una borrachera, como una niñez. La forma en que interpretamos los sucesos reales durante el sueño (fuente del psicoanálisis y de otras corrientes psicológicas) sería una forma privilegiada de interpretar la realidad, mediante lo que para nosotros son complejos argumentos que nuestra mente consciente despierta sólo entiende con gran dificultad, pero que al llegar la noche entiende de nuevo claramente.

Hablar de lo que no se puede hablar

Se atribuye a Albert Einstein la cita:

"Debemos hacer la ciencia lo más sencilla posible. Pero no más sencilla"

Esta divertida broma contiene un mensaje claro: Es adecuado hacer que la ciencia sea sencilla. Pero hay quienes, empeñados en la sencillez, llegan a faltar a la verdad. Debemos hacer la ciencia lo más sencilla posible. No más.

Para expresar esta idea, Einstein recurre a una contradicción, que produce el elemento humorístico en la frase. Si, por una parte, cierta descripción científica es "lo más sencilla posible", otra no podrá ser entonces "más sencilla" aún.

Hablar de descripciones científicas "más sencillas que lo más sencillo posible" es una forma irónica[87] y conscientemente contradictoria de expresar que esas descripciones científicas son erróneas, y que el origen de su equivocación está en empeñarse en simplificar más de la cuenta.

La ironía no acaba aquí, ya que podemos suponer que Einstein empleó una contradicción en su afirmación con el objetivo de ganar

---

[87] Sabemos que se trata de una ironía y de una contradicción consciente, pero un sistema automático de análisis de predicados (un robot) tendría serias dificultades para darse cuenta de esto. La capacidad de reconocer el humor es una característica típicamente humana que parece muy complicada de crear artificialmente.

en sencillez, es decir, para facilitar la transmisión de su conocimiento. Pero al hacerlo así, superó la barrera de la sencillez marcada por el limite de la congruencia.

Es decir, la frase, "Debemos hacer la ciencia lo más sencilla posible. Pero no más sencilla" no parece cumplir lo que predica, ya que es una expresión que va más allá de la sencillez, faltando a la verdad, con el objetivo de facilitar la transmisión de su mensaje.

Siendo rigurosos, debemos decir que Einstein no falta a su propia regla al expresarla, ya que Einstein habla de hacer ciencia, y "hablar de hacer ciencia" no es hacer ciencia, sino hacer filosofía. Y al hacer filosofía no es necesario (y no es posible) seguir las leyes de la ciencia. Así, el párrafo anterior de este texto falta a la verdad -corregida en este mismo párrafo-, con el objetivo de facilitar la transmisión de su mensaje[88].

Queda bastante claro que en algunos casos se comunican mucho mejor ciertas realidades permitiéndose la incongruencia o contradicción que manteniendo una impecable lógica. Las implicaciones de este hecho pueden trascender el aspecto práctico de la comunicación y ser representativas de la condición contradictoria de la realidad.

A muchos científicos les gusta decir:

"Sobre lo que no se puede hablar, es mejor no hablar"[89]

Esta es otra divertida broma con otro claro mensaje: Hay cosas que no se pueden expresar con palabras. Y sin embargo no faltan quienes tratan una y otra vez de hacerlo. En esta afirmación hay otra contradicción consciente subyacente, también generadora de humor e ironía.

No podemos aconsejar que "es mejor no hablar" de aquellas cosas de las que "no se puede hablar". Si lo que decimos es cierto, aquel a quien acusemos no estará hablando de aquello de lo que "no se puede hablar", ya que, precisamente, no se puede hablar de ello. Estará

---

[88] Sin duda otra cosa hubiera sido que Einstein dijera:

"Debemos hacer la filosofía lo más sencilla posible. Pero no más sencilla"

y en este caso la filosófica frase representaría la aplicación de lo contrario que la frase afirma.

[89] Proposición 7 del "Tractatus lógico-philosophicus" de Wittgenstein, citado por Ernesto Ballesteros en "La filosofía occidental moderna y el Vedanta Advaita de Sri Ramana Maharshi".

hablando de otra cosa. Si por el contrario, nuestro acusado, ciertamente, estuviera hablando de "aquello", debemos concluir que de "aquello", si se puede hablar, y que nuestra acusación era infundada.

En este caso el análisis tampoco acaba aquí, ya que curiosamente, en estos últimos párrafos no hemos dejado de hablar de aquellas cosas de las que supuestamente no se podía hablar. Todo aquel que acuse a otro de "hablar de lo que no se puede hablar" ya se encuentra hablando de "aquello".

Podemos pensar que esta es la prueba de que "aquellas" cosas de las que no se puede hablar, simplemente no existen, ya que acabamos de hablar de ellas. Pero decir esto sería una conclusión precipitada. Hemos hablado de las cosas de las que no se puede hablar, y al hacerlo (al hablar sobre ellas) hemos concluido que sí se podía hablar de ellas.

Por tanto, simplemente hemos identificado algunas cosas de las que sí es posible hablar. A saber: Sí es posible hablar acerca de aquellas cosas acerca de las cuales nosotros decimos que no se puede hablar. Sin embargo, reconozcámoslo, no hemos hablado acerca de ninguna cosa acerca de la cual no se pueda hablar.

Por tanto, no hemos demostrado que no existan cosas acerca de las cuales no se pueda hablar. Puede que existan, y sin duda, nadie habla de ellas.

Sistematizando aquello de lo que no se puede hablar

Podemos representar las posibilidades que en este sentido tiene un hecho o "cosa" en una tabla, de la siguiente forma. La "Ciencia real" habla de cosas y aquellas de las que aún no se habla las podemos considerar "Ciencia potencial".

¿Se habla de ello?	*Hablamos de...*
Sí	Ciencia real
No	Ciencia potencial

Tengamos en cuenta, no sólo si se habla de ello, sino también si se puede hablar o no.

¿Se puede hablar de ello?[90]	¿Se habla de ello?	Hablamos de...
Sí	Sí	Ciencia real
Sí	No	Ciencia potencial
No	Sí	Ciencia paradójica
No	No	Ciencia oculta

La ciencia paradójica habla, paradójicamente, de las cosas de las que no es posible hablar. Algunos nos dedicamos ocasionalmente a desarrollar este tipo de ciencia paradójica, por pura diversión.

Por otra parte, lo que sin lugar a dudas es un fenómeno de masas, es la ciencia oculta, ya que todos nos encontramos constantemente guardando silencio acerca de aquellas cosas de las que no se puede hablar.

Podemos añadir una quinta categoría de cosas: la de las "cosas que no pueden ser clasificadas según esta tabla", a las que podemos denominar, por ejemplo: *Ciencia imposible*. Podría parecer que es imposible que existan cosas bajo la denominación de "Ciencia imposible", porque precisamente estas cosas se definen por no pertenecer a ninguna de las cuatro filas de la tabla, pero podemos solucionar esto añadiendo también una nueva columna:

---

[90] "¿Se puede hablar de ello?" es equivalente a "¿Se puede hacer ciencia con ello?", "¿El sistema es determinista?", "¿Se puede predecir?".

"¿Se habla de ello?" es equivalente a "¿Se hace ciencia con ello?", "¿Tratamos el sistema como si fuera determinista?", "¿Se predice?".

Sistema de referencia	¿Se puede hablar de ello?	¿Se habla de ello?	Se trata de...
Uno	Sí	Sí	Ciencia real
	Sí	No	Ciencia potencial
	No	Sí	Ciencia paradójica
	No	No	Ciencia oculta
Otro	-	-	Ciencia imposible

Bajo el sistema de referencia "Uno" se considera adecuado clasificar el conocimiento mediante tablas del tipo "Sí" y "No". En cambio bajo el sistema de referencia "Otro", esto se considera una grosería del peor mal gusto, y por tanto solo se habla de las cosas que no pueden ser clasificadas mediante este tipo de tablas.

Evidentemente, podemos añadir un tercer sistema de referencia, y mejor aún si se trata de un tercer tipo que incluya a todos los sistemas que no son ni "uno" ni "otro", ya que esto nos permite añadir una nueva columna. Pueden añadirse de esta forma tantas filas y columnas como se desee, con un límite de 42, que es el máximo que el aburrimiento puede soportar.

Una vez llegado al límite de 42, el científico humano experimenta una transformación que le hace llegar a la acertada conclusión formal siguiente:

Cualquier cosa manifestada mediante un lenguaje cualquiera, y mucho más si se utilizan tablas, es digna de desconfianza. Así como su autor.

Tratando de extraer conclusiones de las bromas anteriores, del primer asunto se puede decir que aunque las simplificaciones excesivas son errores cuando se trata de ciencia, sin embargo pueden ser recomendables e incluso inevitables cuando se trata de filosofía.

En cuanto a aquello de lo que se puede y no se puede hablar, podemos concluir que la expresión *"Sobre lo que no se puede hablar, es mejor no hablar"* constata que ciertos asuntos son realmente complicados, y que por ahora no se puede hablar sobre ellos sin caer en gran número de contradicciones y falsedades.

Después de lo expuesto, parece más que obvio que, al menos desde ciertos niveles de análisis filosófico y en ciertos casos, no es lo mismo decir algo "equivocado" que algo "falso" o "contradictorio", entendiendo en este caso "equivocado" como "aquello que nos aleja de la verdad". Podríamos pensar que lo "falso" y lo "contradictorio" no sólo nos alejan de la verdad, sino que son la falta de verdad misma. Pero aquí se propone que lo "falso" y lo "contradictorio" tienen un papel en el camino hacia la verdad.

Cierto profesor proponía de vez en cuando a sus alumnos afirmaciones aparentemente ciertas pero intrínsecamente falsas -intercaladas con algunas ciertas-, que posteriormente entre todos rechazaban con alguna argumentación. De esta manera el grupo incrementaba su caudal de conocimiento en la materia con la solidez que proporcionaba el haber descartado una tras otra múltiples ramificaciones equivocadas. El conocimiento del grupo avanzaba hacia lo verdadero a pesar de haber escuchado algunas mentirijillas.

Obviando la escasa originalidad, se puede establecer un paralelismo entre esta idea y el símbolo gráfico del Ying-Yang, y podemos decir que en procesos mentales no formales, lo falso o lo contradictorio, a pesar de no ser cierto o congruente, es decir, a pesar de ser intrínsecamente falso, nos puede acercar más a la Verdad -a veces, simplemente porque es un camino más corto- que aquello que es intrínsecamente verdadero. Pero sólo si somos capaces de interpretarlo desde el nivel adecuado de análisis, y por supuesto, siempre que no nos detengamos ahí. Sirviéndonos de lo "falso" y lo "contradictorio" como herramientas -en principio no formales- para llegar a la verdad.

Concluyendo, la verdad en ciertas capas de conocimiento puede estar formada por contradicciones e incluso por "simplificaciones excesivas" residentes en capas no formales subyacentes.

Esto sugiere que la realidad "a alto nivel" a la que estamos acostumbrados puede estar generada a partir de la combinación de elementos contradictorios en los niveles más bajos.

6. Subjetividad

Finalmente, en este capítulo doy mi opinión acerca de la respuesta a la pregunta "¿Qué es real?". El texto es principalmente fruto de mis ya proverbiales limitadas reflexiones intelectuales (a estas alturas del libro) y sólo en una pequeña parte, producto de mi aún más limitada experiencia subjetiva con lo Real. Concluyo que para cada uno de nosotros, sólo es real nuestra subjetividad, percepción, sensibilidad, y discuto la hipótesis de que si profundizamos en ella, podremos llegar a ver cómo la subjetividad de cada uno está unida con las subjetividades de los demás como brotes de una misma cosa. Esa misma cosa la podemos nombrar: Uno, Tao, Amor, Dios.

También relaciono el desarrollo de la propia subjetividad (o consciencia) con el problema de poner a prueba la autenticidad de la subjetividad ajena, aventurando que la hipótesis de una unión o conexión subyacente entre subjetividades es un camino prometedor para solucionar el problema del *Test de Turing*, es decir, para ser capaces de distinguir entre robots y humanos o bien para concluir que los robots son o pueden llegar a ser tan subjetivos como los humanos.

El criterio popular presupone la existencia del hecho objetivo y sólido como generador de la dudosa experiencia subjetiva, cuando el proceso es el inverso y las cualidades las opuestas. La experiencia subjetiva (*veo un árbol*) nos provoca la creación de una hipótesis (*ahí hay un árbol*). La experiencia subjetiva es real, no hay duda de ella. En cambio la hipótesis objetiva es fruto de una combinación de imaginación y percepción, susceptible de error, y siempre sujeta a revisión. La existencia de la percepción es una certeza. La existencia del hecho percibido es una hipótesis.

Como caso particular de lo anterior, la existencia del *yo* es un hecho subjetivo cierto, del que no hay duda. Sin embargo su conceptualización como algo externo o mediante su relación con el resto de objetos del Universo produce una descripción del *yo* que por objetiva es susceptible de error. Es decir, cuando uno se observa a sí mismo, no cuando uno establece y pone a prueba hipótesis objetivas acerca de la naturaleza de uno mismo como si se tratara de un objeto externo, sino, simplemente, cuando uno se observa a sí mismo, obtiene una certeza de su observación.

Pero la certeza subjetiva apenas puede explicarse con palabras. No hace referencia a la naturaleza de conceptos, o a su relación entre sí. Lo que obtenemos mediante la experiencia subjetiva es una certeza existencial, en la que se demuestra tautológicamente la existencia de la subjetividad. La subjetividad demuestra la existencia de "yo", pero el "yo" que la experiencia sensible demuestra está desprovisto de todos los atributos salvo su propia capacidad sensible.

Sin quitar importancia al método científico basado en la creación y puesta a prueba de hipótesis objetivas, probablemente indispensables para la supervivencia del yo, en este texto se destaca la consciencia de la existencia de la propia experiencia subjetiva en sí misma. Esta reflexión permite reconocer lo que comúnmente se llaman "hechos objetivos" como meras hipótesis.

Lo subjetivo es real, y lo objetivo imaginario

Es curiosa la popular asociación entre objetivo con real y subjetivo con imaginario. Se habla de "hechos objetivos" y de "experiencias subjetivas". Parece como si los hechos, objetivos, fueran reales, sólidos, probados; y en cambio las experiencias, subjetivas, sujetas a duda, cuando no imaginarias o distorsionadas.

El criterio popular, de igual forma, parte de la existencia del hecho objetivo como generador de la experiencia subjetiva. Por ejemplo: *ahí hay un árbol* (hecho objetivo) y por eso, yo, que miro en esa dirección, *veo un árbol* (experiencia subjetiva).

Parece lógico. Si veo un árbol, será porque existe un árbol que ver. El árbol existe, es sólido, objetivo, y en cambio mi humilde percepción es defectuosa, subjetiva, sujeta a duda.

Sin embargo, las cualidades de los términos *Objetivo* y *Subjetivo* son contrarias a lo que la gente cree. En mi opinión, el proceso es el inverso y las cualidades las opuestas: la experiencia subjetiva (*veo un árbol*) nos provoca la creación de una hipótesis: (*ahí hay un árbol*).

El hecho subjetivo no necesita de prueba. El hecho subjetivo es parte del propio "yo". En realidad, el hecho subjetivo *es* el propio yo, es la propia subjetividad. La propia existencia solipsista no requiere de demostración.

El hecho objetivo, por el contrario, es realmente difícil de probar o demostrar completamente, sin ningún tipo de dudas. De hecho es realmente difícil llegar a acuerdos completos sobre cosa alguna. Aunque sí llegamos a aproximaciones de consensos sumamente útiles. Sin llegar a la *verdad*, tenemos *certezas* o *"explicaciones más posibles"*, que son el fundamento del conocimiento científico.

Resumiendo, no tiene sentido poner en duda que *yo veo un árbol*, aunque sí hay ciertas dudas acerca de si *ahí hay un árbol*. Expresado de otra forma: *Yo veo un árbol, vete a saber si ahí hay un árbol, yo sólo sé que veo un árbol*[91].

¿Por qué el criterio popular asocia objetivo con real y subjetivo con imaginario? El origen de esta confusión de términos lo podemos encontrar en la naturaleza social del hombre y en la aplicación de la inteligencia como herramienta de supervivencia.

Según el criterio popular, hablar de "hechos objetivos" no es hablar de "hechos ciertos", sino hablar de "hechos reconocidos por todos". Más correctamente, habría que hablar de "hechos reconocidos por casi todos", ya que es muy difícil encontrar una sola cosa en la que todo el mundo esté de acuerdo. El hecho de que exista una "realidad" (objetiva) externa, reconocida por casi todos, es fundamental para la propia supervivencia, independientemente de hasta que punto dicha interpretación de la "realidad" externa sea realmente verdadera.

---

[91] Podría afinar más y decir "yo sólo sé que creo que veo un árbol". Precediendo a la declaración de todas las actividades subjetivas como son: "siento", "pienso", "veo", "escucho", "percibo", "soy consciente", etc. podríamos poner un "creo que": creo que siento, creo que pienso. Y podríamos construir con cualquiera de ellas analogías equivalentes al "pienso luego existo", ya sea con o sin el "creo que": Siento luego existo, veo luego existo, creo que siento luego existo, creo que veo luego existo. Es muy interesante añadir el creo también en la segunda parte de la expresión: "Creo que pienso, luego existo", obteniendo: "Creo que pienso, luego creo que existo". También lo podemos hacer con "siento", equivalente al resto pero más significativa: *"Creo que siento, luego creo que existo"*. De igual forma que no se puede rebatir el "siento" con el "creo que siento", no se puede rebatir el "existo" con el "creo que existo". No es posible creer que se siente, sin sentir. No es posible creer que se existe sin existir. E incluso, no es posible simular que se suma uno mas uno, sin sumar uno mas uno. Aunque existen muchas expresiones equivalentes, para mí, la mejor expresión de la única certeza es: *"Siento, luego existo"*.

Cuanto más intensos a la vez que limitados vínculos sociales tengamos, tanto más fácil es atribuir certeza a hipótesis falsas acerca del mundo en el que vivimos. Por otra parte, tanto una breve desconexión social, como el contacto con personas de culturas muy diferentes a la propia, nos abre los ojos a errores en nuestra interpretación del mundo. Existen miles de ejemplos de esto, y casi todos empiezan por "todo el mundo": "todo el mundo elige con quien casarse"; "todo el mundo puede comprarse un automóvil"...

¿Por qué el criterio popular no asocia subjetivo con *Real*? Porque sistemáticamente se ignora la existencia del hecho subjetivo, al menos el de los demás y frecuentemente, el propio. Cuando se pone en duda el supuesto hecho subjetivo, implícitamente se está poniendo en duda, no el hecho subjetivo, sino el presunto hecho objetivo que ese hecho subjetivo presupone. Y frecuentemente se ignora el hecho subjetivo.

Por ejemplo, si alguien cree que hemos robado algo (hecho subjetivo), es común centrar el interés en el hipotético hecho objetivo que esto manifiesta, e intentar "demostrar" (argumentar) que somos inocentes de tal cargo (hecho objetivo). Pero para hacerlo deberemos *convencer* a un jurado de nuestra inocencia (hecho subjetivo). Unos y otros buscamos el hecho objetivo presuponiendo su existencia y sin poder acercarnos a él más que desde la subjetividad.

Pero también podríamos centrar nuestra atención en el hecho subjetivo, es decir, en nosotros mismos. Podemos centrar la atención en la propia percepción de nuestra inocencia. En la paz interior que ésta produce. Argumentando nuestra inocencia y sin dejar de defendernos. Pero simultáneamente, sin permitir que el resultado del juicio nos afecte. Es decir, cuando esto, en última instancia, nos resulte indiferente; cuando experimentemos indiferencia por los siempre dudosos hechos objetivos y nos centremos en la subjetividad, pero sin dejar de actuar coherentemente en el mundo objetivo, paradójicamente seremos capaces de transmitir a la subjetividad ajena nuestra inocencia de una forma mucho más profunda que con "hechos" y "pruebas".

Otro ejemplo de situación en la que se ignora el hecho subjetivo es una discusión. Cuando dos personas comparten opiniones opuestas, y se crea un malestar, y hasta un sentimiento de desesperación en la incomprensión, esto es resultado del intento de convertir en subjetivo para el otro nuestra propia subjetividad, pero yendo de una a otra por un camino lleno de trampas: el camino de las palabras, el camino de los hechos objetivos. Si dos personas discuten y se produce una tensión desagradable, estas dos personas están hablando de cosas distintas.

Los mundos de Karl Popper

En su libro "En busca de un mundo mejor", en el primero de sus artículos (*El conocimiento y la configuración de la realidad*), Popper habla de tres mundos. El mundo 1, el material; el mundo 2, el de la experiencia, y el mundo 3, el de los productos de la mente humana[92].

Como comenta Popper, parece evidente que el mundo 1 es el creador del mundo 2. Sin duda el mundo 1 es el más "sólido", por su naturaleza material. Pero en mi opinión no es el más real.

En mi opinión, aunque todo parece indicar que el mundo 1 provoca la creación del mundo 2, es el mundo 2 el lugar desde el cual podemos permitirnos suponer la existencia del mundo 1. Es decir, nuestra percepción, sensibilidad, subjetividad, yo, ego, o como queramos llamarlo, es lo que nos permite suponer la existencia del mundo material. Esta suposición acerca de la existencia del mundo material es útil para la supervivencia -del yo-, pero nos puede alejar de la propia subjetividad, nos puede alejar de la auténtica realidad, pudiendo llevarnos al extremo de creer a ciegas en el hipotético mundo material consensuado y olvidarnos totalmente de nosotros mismos.

Frecuentemente es mucho más fácil reconocer la falta de realidad auténtica de los objetos del mundo 3: el de los productos de la mente humana, aunque no falta quien, por el contrario, les asigna aún mas realidad que a los objetos físicos. El dinero no es un objeto material, es un concepto con muy diversos soportes materiales. El dinero tiene valor porque el resto de personas está dispuesto a cambiarlo por cosas. Pero los billetes no se pueden comer[93].

---

[92] No todos los objetos del mundo 3 tienen las mismas propiedades esenciales. Popper indica que hay objetos del mundo 3, como "par", "impar" o "divisible entre dos", que de alguna forma ha existido siempre, sin que sea necesario que alguien piense en ellos, y por tanto no es muy apropiado llamarlos "productos de la mente humana".

[93] Popper comenta que se denomina materialistas o fisicalistas a los filósofos que sólo consideran real el mundo 1, e inmaterialistas a los que sólo consideran real el mundo 2, y entre estos últimos destaca a Ernst Mach y al obispo Berkeley. Entiendo que según esta clasificación, este trabajo puede considerarse de un autor inmaterialis-

Asignar realidad a los objetos materiales del mundo 1 está más que justificado por la cantidad de veces que nos chocamos con la materia. Pero a pesar de ser reales tanto el concepto "dinero" del mundo 3 como el papel que con el que este dinero está representado, y que es parte del mundo 1, el auténtico mundo real es el mundo 2, el de la subjetividad; en el ejemplo, el mundo de las sensaciones que nos produce el dinero o su falta de él. Esta idea no está tan extendida, y puede ser debido a que la omnipresencia de la subjetividad la convierte en invisible. Probablemente, las sensaciones recibidas cuando nos chocamos con los sentimientos son tan fuertes que no nos permiten reflexionar sobre ellas.

Para cada uno de nosotros, el (mundo) *Único Real* es la subjetividad, la experiencia sensible, la experiencia subjetiva. No podemos ponerla en duda, no implica una relación con otra cosa. *Es*. Si yo siento frío, no puedo poner en duda el hecho de que yo siento frío. Otra cosa distinta es que cuando yo sienta frío, la temperatura ambiente corresponda con aquella que comúnmente se considera fría. Si yo veo una vaca no puedo asegurar que eso sea una vaca, lo que es seguro es que a mí, en este momento, me parece una vaca[94].

Personalmente puedo reconocer que tal vez exista una realidad objetiva: por ahora no tengo forma de saber si esto es cierto o no. Pero no puedo asumir que existan "puntos de vista objetivos". Todos los puntos de vista son subjetivos. Todas las afirmaciones se dan en un contexto y cualquier creencia puede ser puesta en duda (paradójicamente, incluso esta misma afirmación). La única realidad sin duda es: "yo siento", y es indudable, pero sólo para mí.

Perder el "yo" parece que sería la única forma de llegar a la hipotética objetividad. Parece un juego de palabras (y lo es) pero si consi-

---

ta siempre que esto suponga, no una negación absoluta de la realidad del mundo material, sino una afirmación de la absoluta realidad del mundo subjetivo que hace que, a su lado, la realidad del mundo material pierda importancia.

[94] En el capítulo sobre Ciencia-ficción, llego a la conclusión de que "todo es real", de que "todos los niveles de realidad son reales, pero para cada uno el suyo", es decir, para cada uno de nosotros sólo es real el nivel de realidad de la subjetividad, cada uno de la suya. Esta es la razón por la cual los sueños parecen -y en realidad son- tan reales como la realidad "normal". No se trata de que lo que sueño esté sucediendo en un sentido objetivo, sino de que yo siento que sucede en un sentido subjetivo y ese mundo 2 es el único real. Esto explica la fantástica introducción al capítulo, donde dice: "todo lo que imaginamos posee una existencia tan auténtica como la de todo lo que nos rodea". Lo subjetivo posee tanta o mayor solidez y realidad como lo objetivo.

guiera "observar sin tener un punto de vista", captaría hechos objetivos. Observando sin un "yo", es decir, sin un punto de vista, los propios hechos objetivos se observarían a sí mismos sin ningún tipo de distorsión.

Ahora bien ¿Ha conseguido alguien alguna vez "observar sin tener un punto de vista"? Si lo hizo, él no estaba. Si nos lo cuenta, nos lo cuenta quien no lo hizo, pues no lo hizo nadie. Olvidando estos trabalenguas, pensemos en algo más cercano: observar una realidad tratando de minimizar nuestro punto de vista, evitando opiniones y prejuicios, evitando los propios intereses y evitando juzgar al otro. Esto es parecido a observar sin tener un punto de vista.

Tantos universos como subjetividades

Hay una metáfora que puede ayudarnos a entender el concepto de la subjetividad. Imaginemos que existe no uno sino multitud de universos (podríamos llamarlos mundos, para tratar de ser más exactos[95]), todos idénticos y conteniendo cada uno de ellos todos los objetos del universo, existiendo una copia de estos universos por cada subjetividad (una copia por cada observador). Si yo rompo un jarrón

---

[95] No parece muy correcto hablar de más de un universo, cuando el origen de la palabra hace referencia a todo lo existente. Si el universo es todo en uno, no puede haber varios universos. La contradicción puede resolverse acuñando un nuevo término, aunque esto tiene algunos inconvenientes. En cualquier caso, yo prefiero emplear contradicciones cuando éstas facilitan la transmisión de las ideas. Esto ocurre con gran frecuencia. Algunos ejemplos son: *"Que la ética no te impida hacer lo que está bien"*; *"El médico que sólo medicina sabe, ni medicina sabe"* (Letamendi); *"La espontaneidad no se improvisa"* (Enrique Vargas); *"El racionalista que sólo es racionalista, no es ni siquiera racionalista"* (Rafael Llopis en *Los mitos de Cthulhu*). Curiosamente, este texto es susceptible de una profunda confusión entre el significado de los términos "objetivo" y "subjetivo". Esto es sorprendente, máxime cuando se hace referencia a ellos continuamente. La razón de esto es que aquí se discuten las propiedades de aquello a lo que la gente hace referencia cuando habla de subjetivo y objetivo, y se argumenta que estas propiedades son contrarias e incluso opuestas a lo que la gente cree, con lo cual, se podrían intercambiar los términos. En el texto se propone asociar "subjetivo" (interior) con "real" (cierto). En cambio, si quisiéramos mantener la popular asociación entre "real" y "objetivo", a la experiencia interior o experiencia consciente habría que llamarla entonces "experiencia objetiva". Evidentemente, lo importante no es llamar a la experiencia interior (a la experiencia consciente), "objetiva" o "subjetiva", sino saber de qué se trata, determinar sus propiedades y ser capaces de desarrollarla.

en mi universo, el jarrón se rompe en todos los universos simultáneamente. Si yo recibo una carta, la recibo en todos los universos. Mi persona física está copiada en todos los universos, pero yo sólo estoy en uno de ellos. Hay un universo que es excepcional, que para mí es diferente de todos los demás: es el universo en el que estoy yo. Y no sólo esto: me encuentro solo en mi universo, y no conozco ninguna forma de saltar a otro universo, de ver las cosas como las ve otra persona, de convertirme o fusionarme con otra subjetividad. Esta idea ilustra el hecho de que, aun existiendo una supuesta realidad objetiva común para todos, existen tantas realidades subjetivas como observadores.

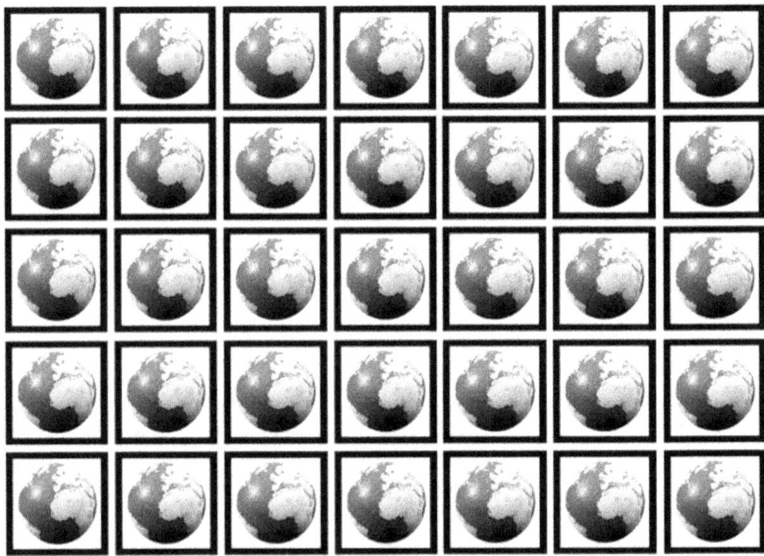

Figura 6.1. Tantas realidades como observadores

La anterior metáfora de los multi-versos destaca las grandes diferencias entre la subjetividad y la materia, y puede ser útil para entender la existencia de una multiplicidad de subjetividades separadas unas de otras, y su relación con lo material. Pero no es suficiente como explicación de la realidad, ya que faltan algunos elementos. Unos y otros "universos" poseen la misma estructura material, pero la subjetividad no interacciona directamente con la materia. Podríamos identificar otras capas que podemos llamar: "sentimientos", "personalidad", "mente", "cerebro" y "cuerpo". Algunas de estas capas que rodean a la subjetividad sí son diferentes en cada uno de los universos. Un buen ejemplo son los sueños. Cuando una persona sueña, su subjetividad tiene unos sentimientos y vive unas experiencias (subjetivas) que no existen en ninguno de los otros universos.

Analogías de la subjetividad

El sentido en el que empleamos ciertas expresiones puede servir para ilustrar la idea de la subjetividad. Por ejemplo, es llamativa la diferencia que existe entre "confiar en alguien" y "confiar en uno mismo" aunque ambas expresiones conjuguen el mismo verbo.

Podemos encontrar una analogía interesante de la subjetividad reflexionando sobre la relatividad del movimiento. Es frecuente haber experimentado la extraña sensación que se obtiene cuando, después de estar un rato detenido en una vía de tren, dentro de un vagón, y dando la casualidad de que existe otro tren y vagón también detenido en la vía contigua muy próximo a nosotros, de forma que incluso podemos ver a los pasajeros del tren que debe circular en el sentido contrario al nuestro, y expresamos "por fin nos movemos" cuando observamos el movimiento de nuestro vagón respecto del vagón de la otra vía, pero posteriormente nos damos cuenta de que es el otro vagón el que está en movimiento, y nosotros seguimos detenidos.

En cuanto al concepto de relatividad del movimiento podemos identificar inicialmente tres etapas históricas:

a) El Sol gira alrededor de la Tierra.
b) La Tierra gira alrededor del Sol.
c) El movimiento entre ambos es relativo.

No es lógico detenerse en este punto, sino llegar a:

d) El movimiento entre ambos es relativo, pero si incluimos más elementos en el sistema tiene más sentido decir que es la Tierra la que gira alrededor del Sol.

e) El movimiento entre ambos es relativo; si incluimos más elementos en el sistema tiene más sentido decir que es la Tierra la que gira alrededor del Sol. De todas formas, yo veo que el Sol sale por Oriente y se pone en Occidente.

Es decir, tratar el propio punto de referencia como uno más es adecuado, pero no debemos olvidar que no es un punto de referencia cualquiera: es el propio[96].

Cuando el árbol soy yo mismo

"Yo" es un filtro a través del cual se produce todo. Entre otras cosas, "yo" es un filtro a través del cual se produce todo el conocimiento científico. Y es bastante razonable tener serias dudas acerca de que es "yo".

En matemáticas abundan las situaciones en las cuales la recursividad (la auto-referencia) provoca inconsistencias que generan la necesidad de un cambio de paradigma, de una nueva forma de ver las cosas, más elevada que la anterior.

Este es un precedente que nos advierte de las posibles situaciones extrañas que podemos encontrar al aplicar la recursividad en otros contextos.

Volviendo al tema de la percepción y la subjetividad, y aplicando la recursividad, observamos que se produce una curiosa situación cuando el hecho (subjetivo u objetivo) es la propia subjetividad, el propio "yo".

---

[96] Los informáticos encontramos otra analogía de esta idea en el tratamiento del tiempo como variable informática (los no informáticos pueden ignorar esta nota). En una fase inicial es común tratar el tiempo como un tipo de dato especial, debido a sus inusuales propiedades. Por ejemplo, una variable temporal siempre incrementa su valor, y lo hace a un ritmo constante. Además, los datos asociados a una variable temporal que representen sucesos del pasado son inmutables. De hecho, todos los datos, sean del tipo que sean, pueden ser vinculados a valores temporales. ¿Acaso de esto se concluye que todos los datos referidos al pasado son inmutables? Más adelante uno cae en la cuenta de que se consiguen ciertas ventajas tratando el tiempo como una variable más, a pesar de sus curiosas características, que de todas formas son susceptibles de unas cuantas excepciones. En una siguiente fase se combinan las ventajas de ambos enfoques, reconociendo que, al fin y al cabo, aunque el tiempo pueda considerarse como una magnitud más, y de esto se puedan obtener algunas ventajas, el tiempo posee atributos realmente especiales, y de esto se pueden obtener otras.

Es decir, mi propia subjetividad se puede analizar desde un aspecto objetivo o subjetivo. Antes hablábamos de:

- Veo un árbol (Hecho subjetivo)
- Ahí hay un árbol (Hecho objetivo)

y concluíamos que el hecho subjetivo no estaba sujeto a duda, y en cambio el hecho objetivo sí. Cuando el hecho es el propio yo, nos queda la siguiente situación extraña:

- Yo existo (Hecho subjetivo)
- Yo existo (Hecho objetivo)

La idea puede entenderse mejor si declaramos:

- Yo creo que existo (Hecho subjetivo)
- La gente cree que yo existo (Hecho objetivo)

El hecho subjetivo sigue sin estar sujeto a duda: si yo creo (cualquier cosa), sin duda, yo creo que existo. La propia subjetividad existe, esto es, de la misma forma que las percepciones de la subjetividad no se ponen en duda, la propia subjetividad tampoco.

Por otra parte, en cuanto al hecho objetivo, vuelve a suceder lo mismo y aquí es donde nos encontramos con el gran problema, paradoja o necesidad de cambio de paradigma. El hecho objetivo sigue sin ser probado, sigue sujeto a duda. Es decir, yo existo, pero ¿Quién soy yo?

¿Quién soy yo?

Si pensamos en el "yo" como en un concepto objetivo, el origen de esta duda es el mismo que el origen de la duda de la existencia objetiva de cualquier objeto que conocemos a partir de su percepción subjetiva. La percepción está sujeta a error, los defectos en la vista, oído, etc. hacen que las personas perciban de forma diferente.

De todas formas, las coincidencias entre las descripciones de lo que nos rodea son tantas que parece que podríamos estar razonablemente seguros de que estamos describiendo es una misma "realidad". Independientemente de que sea o no una auténtica realidad, la descripción de la "realidad exterior" según el criterio común es fundamental desde el punto de vista de la supervivencia del individuo, y esto hace que en la práctica la consideremos como realidad auténtica. Sin embargo, aunque se trate de una "misma realidad", esto no quiere decir que la realidad percibida, aún siendo consensuada, sea *Real*. La realidad percibida es percepción, no es realidad, aún en el caso de que "todos" percibamos lo mismo.

La "realidad exterior" convencional no es Real (con mayúscula). Es decir, las descripciones de lo que nos rodea por parte de cada subjetividad convergen, más o menos, hacia una supuesta realidad común uniforme, al menos en muchos aspectos. Esto nos permite, en algunos casos, hablar de las "mismas cosas" y entendernos, independientemente de si aquello de lo que hablamos es real.

El hecho de que hablemos de las mismas cosas no quiere decir que sean reales. Por ejemplo, cientos de personas viendo una película de cine pueden molestar a sus compañeros de butaca hablando de lo que ven, y realizando comentarios sobre la película, los personajes y sus motivaciones. A pesar de coincidir en sus percepciones, esta "realidad exterior" de la que hablan no la podemos considerar Real.

Tan importante se considera el consenso en cuanto a la realidad exterior, que existen personas (científicos) dedicadas a establecer descripciones y explicaciones coherentes de este "exterior", experimentando, demostrando y divulgando, estableciendo teorías que puedan convencer tanto a los hechos como a las personas. Primero se pone a prueba la teoría enfrentándola a los hechos materiales mediante una estructura lógica matemática. Con esto queda "demostrada" la teoría, y el siguiente paso es enfrentarla al criterio de los seres humanos, "divulgarla" y convencer. Frecuentemente las personas son mucho más difíciles de "convencer" que los "hechos" materiales y los teoremas previos.

Sin duda el método es útil y cada vez que se aplica todo parece confirmar una y otra vez que la realidad (material) que nos rodea es una (o al menos se comporta como tal) y que todas las diferencias en su interpretación son debidas a incoherencias de los observadores, es decir, de nosotros mismos, y no de la "realidad exterior". Esto funciona bien con cosas materiales, con cosas ajenas a uno mismo, pero no con uno mismo. Cuanto más nos acercamos a lo más íntimo de uno mismo, desde el cuerpo, el cerebro y la mente, pasando por la personalidad psicológica y los sentimientos hasta el yo subjetivo, tanto menos útil es el método científico, y en cambio más útil es la atención consciente y serena sobre uno mismo.

Suponer que uno mismo es un objeto externo observable y medible científicamente, es ignorar la cualidad esencial de la auto-observación. Digamos que hay dos formas de auto-observarse, una es entendiendo el yo como un hecho objetivo, y otra es entendiendo el yo como un hecho subjetivo. Nuestra costumbre objetivista, totalmente razonable, útil e inteligente, nos puede hacer olvidar la radicalmente distinta y poderosa cualidad de la subjetividad. No es necesario poner en duda la subjetividad como ocurre con lo objetivo. La subjetividad siempre es verdadera.

Dicho de otra forma: auto-observarse suponiendo que uno mismo es algo ajeno a uno mismo es una forma un tanto extraña de auto-observarse.

Al igual que las personas perciben objetos y colores de forma diferente, la auto-percepción es muy susceptible de error. Por ejemplo, uno cree ser de una forma cuando los demás le observan de otra. Una persona puede engañarse a sí misma acerca de sus defectos o virtudes. Por tanto, una persona puede engañarse a sí misma en cuanto a la propia naturaleza de sí misma. De igual forma, es realmente complicado acertar a la hora de establecer juicios sobre los otros. A la ciencia le resulta complicado establecer si alguien es egoísta, compasivo o celoso. El hecho subjetivo del yo nos indica que el yo existe. Pero no nos habla de cómo es ese yo. Nuestra percepción de ese yo puede ser totalmente incorrecta. Si sólo percibimos el yo desde el propio yo buscando un hecho objetivo, no podremos salir de esta falta de seguridad acerca de la auténtica naturaleza del yo. Pero como el yo auténtico no es susceptible de duda, el yo psicológico, el yo como personalidad no es el auténtico yo.

¿Cómo reconocer el auténtico "yo subjetivo"? Para conseguirlo es necesario desprenderse del "yo objetivo" para poder observarlo y dejar sólo el "yo subjetivo". Efectivamente, todo esto es algo muy confuso. Por decirlo de otra forma: el yo (auténtico) es el yo subjetivo. Pero el yo subjetivo es algo muy extraño, y no incluye la propia personalidad, aunque se encuentre cercano a ella. Cuando los místicos, o quienes interpretan sus palabras, intentan transmitir sus métodos para centrar la atención en el yo subjetivo (o en la conciencia, o en Dios), hablan de "reducir el yo a su mínima expresión" o de "ampliar el yo hasta abarcar todo lo existente". A pesar de la contradicción entre ambas ideas, indican la misma cosa. Podremos saber quienes somos -subjetivamente- cuando dejemos de serlo -objetivamente-. Podremos saber quienes somos cuando deshojemos el "yo" de todos sus atributos salvo la propia experiencia subjetiva. Al hacerlo, todas las subjetividades se convierten en Uno. En brotes de una misma cosa. En ese punto no se pueden establecer diferencias entre "yo" y "todo", experimentando algo que podemos llamar Unidad, Tao, Amor o Dios.

El decir que todas las subjetividades son en definitiva Una es sin duda una conclusión precipitada para este texto, basado en argumentos intelectuales. Lo íntimo de las sensaciones como el placer y el dolor son un buen argumento en contra. Si los demás no sienten lo mismo que siento yo ¿cómo se puede argumentar que en última instancia unos y otros somos lo mismo? Sin embargo, podemos encontrar un nivel de "yo" aún más profundo que el nivel de sentimientos específicos, que es el nivel de "yo" de la propia existencia (de algo, por ejemplo, la existencia de unos sentimientos concretos). Tautológicamente, todas las entidades sensibles tenemos en común nuestra sensibilidad. Desde este planteamiento, todo el universo es sensibilidad, subjetividad pura, y cada uno de nosotros participa en ella en cierta forma con su propia sensibilidad.

Cuando digo "todo el universo es sensibilidad, subjetividad pura" me refiero al universo Real, es decir, al universo de las subjetividades, al único real, al único existente. No sabemos nada de la materia. Hablamos de ella, pero es algo totalmente ajeno a nosotros. Nosotros sólo sabemos de subjetividad, de sentimientos, de sensaciones. Este es nuestro universo, y para nosotros, el único.

Por otra parte, si bien es cierto que quienes dicen experimentar la subjetividad en grado profundo afirman sentir la integración con todo lo existente, tal vez este sentimiento se encuentre circunscrito al propio cerebro y represente únicamente la integración de las múltiples personalidades existentes en la mente, es decir, la fusión del consciente con el inconsciente (por simplificar, se supondrán sólo estas dos), tal como argumenta Timothy Ferris en su libro "El firmamento de la mente", y no la fusión con el resto de subjetividades de otras personas, en otros cuerpos[97].

---

[97] De todas formas, en una misma mente y cerebro podría existir más de una subjetividad (al menos consciente e inconsciente) y parece lógico que el fusionar distintas subjetividades en un mismo cerebro sea un paso previo antes de pasar a la fusión

En este libro Timothy Ferris desarrolla entre otras, la siguiente interesante hipótesis: la mente humana está compuesta por diversas entidades. Las decisiones son tomadas mediante la actividad conjunta de todas ellas. No existe una entidad central o principal a las cuales el resto estén subordinadas. Sin embargo, sí existe algo que podemos llamar "el intérprete", que interpreta la decisión tomada por el conjunto como una decisión tomada por él mismo. Este intérprete, ubicado en el centro relacionado con el procesamiento del lenguaje, sería el máximo exponente del "yo", pero de un "yo" falso. El intérprete es fundamentalmente mentiroso, aunque útil y tal vez hasta imprescindible para la supervivencia, y su desconexión permite a la mente abrirse a la auténtica *Verdad*.

Según Timothy Ferris, el éxtasis místico se ha producido en individuos de muy diversas condiciones, pero la mayoría de ellos expresa su experiencia en términos sorprendentemente similares. Lamentablemente, también coinciden en que se trata de algo inefable: No se puede explicar ni describir satisfactoriamente. La "visión" elude las palabras. Esto encaja bastante bien con la idea de que el encuentro con la Verdad no se consigue adquiriendo algo, sino más bien eliminándolo o desactivándolo al menos temporalmente, y que esta desconexión esté relacionada con la desconexión del lenguaje.

Ferris propone que la experiencia mística o iluminación se obtiene cuando la introspección consigue superar el nivel del lenguaje para enfrentarse al módulo mental "integrador" (o intérprete), responsable de presentar a la mente las funciones múltiples del cerebro como un todo unificado.

La persona que descubre que el "intérprete" utiliza palabras para crear explicaciones plausibles pero ilegítimas de la realidad, desconfía del lenguaje y sabe que no podrá utilizarlo para comunicar su experiencia, simplemente porque desconfía del intérprete. Pero le gustaría poder comunicarlo y cae en la paradoja de intentar explicar lo que no se puede explicar, y por supuesto, no ser entendido.

La más importante de las mentiras del intérprete es la mentira implícita en toda su actividad: la mentira de que el intérprete es el "yo", el "todo unificado". Cuando se "desactiva el intérprete", o dicho de otra forma, cuando se integra con el resto de módulos sin ofrecer una interpretación falsa de ellos, que también se puede expresar como:

---

con las de otros cerebros. El hecho de que la experiencia mística suponga la integración de consciente e inconsciente no implica que la experiencia sea sólo eso.

"cuando se traen al consciente el resto de módulos que componen la mente", se experimenta el "Yo Auténtico".

Una vez desconectado el intérprete, se deja de creer en que hasta ese momento ha sido "uno mismo" quien libremente ha decidido sus acciones. Las decisiones pasadas dejan de parecer volitivas, porque el viejo concepto de lo que es uno mismo se derrumba.

Quien tiene o busca la experiencia mística trabaja por *desegotizarse*, por atenuar el efecto del "falso yo", para encontrar la auténtica realidad de uno mismo. Una vez producida esta experiencia, y dado su gran alcance, dada la radicalmente distinta visión que produce de absolutamente todo, es descrita en términos de fusión con el Universo.

El autor pone en duda que esta iluminación represente la verdad última y definitiva, pero sí cree que supone un importante paso adelante en el entendimiento del Universo y de nosotros mismos. Ambos conceptos, al fin y al cabo, son la misma cosa. Pues, ¿qué es la mente sino todo aquello que vemos? Cuando miramos un árbol o un camino, lo que miramos es nuestra propia mente. No podemos ver sino con la mente. Toda nuestra experiencia se produce en ella. Por ello, cuando lo que experimentamos como nuestro auténtico "yo" cambia, parece como si cambiara todo el Universo. Y de hecho, subjetivamente, así ha sido.

Ferris nos advierte que el viaje en este descubrimiento no está exento de grandes peligros. La multiplicidad de "mentes" podría despojar a los exploradores de su sentido de unicidad, de identidad, de coherencia, tal vez de forma irreversible. Al otro lado parece haber algo hermoso, pero no unificado. *"Desde el territorio de la divina locura, más de un alma lanza sus aullidos a la luna"*. Tengamos precaución. El trabajo en la búsqueda del auténtico yo debe ser lento aunque a ser posible, constante. Pero sobre todo consciente y controlado, de forma que permita entrar y salir del estado de iluminación a voluntad propia, ya que el "intérprete", por ahora, es necesario para la supervivencia.

La subjetividad y el problema de la Inteligencia Artificial (o Test de Turing)

Se acerca el día en el que la tecnología pueda crear robots o simulaciones de seres humanos capaces de engañar a nuestros sentidos. Pero no hace falta que ese día llegue, para que podamos experimentar el conflicto que esto puede suponer.

Como proponía Turing, podemos jugar a lo siguiente. Muchos de nosotros estamos acostumbrados a navegar por Internet, enviar correos electrónicos y conversar con personas a las que tal vez no hemos visto nunca físicamente. Tal vez alguna de las personas con las que creemos estar hablando sea realmente un software que gracias a que posee una cierta inteligencia creada artificialmente por un grupo de programadores, es capaz de responder a nuestras preguntas y mantener con nosotros algo parecido a una conversación.

En el juego original en el que se inspiró Turing, se trataba de descubrir si lo que había al otro lado de la línea era hombre o mujer, así como de intentar que el otro no descubriera el propio sexo. En el caso que nos ocupa, *aparentemente* se trata de descubrir si lo que hay al otro lado es Hombre o Máquina, y de crear programas de computadora (máquinas) capaces de engañar acerca de su propia naturaleza. Pero a continuación veremos que no es simplemente eso.

Es posible que la entidad que se comunica con nosotros a través de la red de computadoras, y de la cual no sabemos si es hombre -o mujer-, o en cambio, una inteligencia artificial, tenga un problema, nos pida ayuda, apele a nuestra misericordia o a nuestra ética para que hagamos algo por él, ella o ello. Podemos pensar que en este caso, para poder tomar una decisión, lo que nos interesa es ser capaces de distinguir entre personas y máquinas, pero esto sería presuponer que las máquinas no poseen una subjetividad y que por tanto no son susceptibles de tener intereses y de sufrir por su falta de realización.

Lo que en realidad necesitamos es un mecanismo para saber si la entidad con la que nos estamos comunicando posee una subjetividad, ya sea hombre, mujer, animal, máquina, planta o bacteria. Pero no sólo esto, también deberíamos intentar descubrir si lo que nosotros creemos que la entidad está experimentando coincide con lo que realmente está experimentando. Es decir, una cosa es que una entidad tenga una subjetividad, y otra cosa es que teniendo esa subjetividad, esté sufriendo la falta de satisfacción de sus necesidades de la forma en la que dice y nosotros entendemos que se está produciendo. Pudiera ser que la entidad mintiera o que se expresara en un lenguaje que nosotros no pudiéramos entender.

Suponer que todas las subjetividades son, en última instancia, "Uno", es una hipótesis de trabajo muy útil para resolver el problema de poner a prueba la subjetividad ajena, por ejemplo, para descubrir si una máquina es susceptible de tener intereses y/o sufrir por ellos, y por tanto es susceptible de tener derechos y de que estos sean vulnerados, esto es, saber si es susceptible de entrar en nuestro universo moral; para que seamos capaces de decidir si moralmente debemos o no respetar los derechos de una maquina que afirma tener sentimientos y que pide que no la desconectemos.

No podemos estar seguros de la subjetividad de un ordenador por la misma razón por la cual no podemos estar seguros de la subjetividad de cualquier cosa objetiva, ajena a nosotros mismos, ya sea una máquina, una bacteria, un gato o un amigo. La única forma de estar seguros de la subjetividad de algo ajeno es *ser* ese algo, que por tanto deja de ser ajeno. Por esta razón, la presunción de una posible fusión de subjetividades no es sólo una hipótesis prometedora para solucionar el problema del *Test de Turing*. Es una hipótesis necesaria: si las subjetividades no se funden de alguna forma, no será posible tener una certeza acerca de la existencia o no de la subjetividad ajena.

Es posible que el desarrollo de la propia subjetividad, que también podemos llamar "desarrollo de la propia consciencia" sea el camino por el que podamos llegar a la fusión con el resto de subjetividades o en alguna suerte de conexión intensa de algún tipo sustancialmente diferente a lo que habitualmente conocemos, que finalmente nos permita reconocer la subjetividad ajena.

La actitud de servicio a los demás, o la empatía con sus estados de ánimo, especialmente entre familiares, pueden ser manifestaciones de una capacidad, aunque sea mínima, de una fusión de subjetividades, preludio de un *nuevo hombre integrado* al que la evolución nos lleva.

La naturaleza nos programa genéticamente para sentir placer o dolor en función de lo adecuado de nuestras acciones según su propio criterio grabado en nuestros genes. Puede que un día este criterio nos obligue a ser solidarios y altruistas.

La empatía genética generadora de seres complejos

Mi cuerpo me exige que me abrigue cuando hace frío o busque el fresco cuando hace calor. Como nos dice José Antonio Jáuregui, en "El ordenador cerebral" y en otros de sus trabajos, el cerebro es esclavo del cuerpo. El cerebro se las tiene que apañar para conseguir lo que el cuerpo le exige, bajo la amenaza del dolor.

Lo que el cuerpo exige al cerebro, bajo la amenaza del dolor, ha sido definido genéticamente de forma redundante en todas las células que forman ese cuerpo mediante una cadena de ADN, sujeta a cambio y selección. Como ya se ha dicho muchas veces, la reacción de estrés que hace que nos suba la tensión y se tensen nuestros músculos cuando negociamos el sueldo en una entrevista de trabajo es herencia genética de la vida en la selva y mucho más adecuada para atacar o salir corriendo que para dar con las frases adecuadas. Es por tanto un defecto de nuestra programación genética, un aspecto en el que el aprendizaje a nivel de especie todavía tiene asignaturas pendientes.

Podemos observarnos a nosotros mismos actuando múltiples veces según alguna de las tres clásicas reacciones físicas ante el peligro: atacar, huir o esconderse -quedarse inmóvil- en situaciones en las que dicha reacción es totalmente inapropiada. Ser conscientes de ello da a la situación un tono humorístico y mientras la evolución no nos dote de nada mejor, esta técnica puede servir para superar el mal trago. Mientras tanto, la evolución natural intenta -metafóricamente- encontrar las reacciones apropiadas ante los nuevos contextos para seleccionar para la reproducción a dichos individuos.

El cambio no es rápido. La ventaja que supone distinguir cuándo se ha de reaccionar con estrés físico o mental ha de aparecer, favorecer la supervivencia para la posterior reproducción y perpetuación de esa característica mediante la del individuo que la posee, transmitirse y extenderse. En algunos aspectos parece que el entorno del ser humano cambia a una velocidad que el lento mecanismo de aprendizaje a nivel de especie no puede seguir. Al menos, no en cuanto a cosas tan específicas. Podrán seleccionarse cualidades más generales, como ser inteligente, ser fuerte o grande, tener buena memoria, ser buen actor, o ser autodisciplinado. Pero a la naturaleza -metafóricamente- le cuesta descubrir si ponerse colorado y tartamudear cuando pasa cerca el amor es o no una buena idea.

La naturaleza nos programa genéticamente como máquinas en las que se define bajo qué condiciones se provocará la sensación de dolor en el *yo sensible* para que éste active el funcionamiento del cerebro, de forma que éste último se las apañe como pueda para conseguir evitar dicha sensación de dolor.

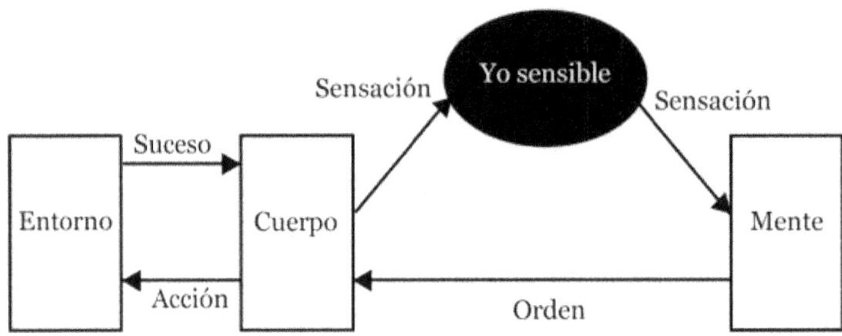

Figura 6.2. Existe un *yo sensible* entre el cuerpo y la mente

En los seres vivos esta programación evoluciona con la especie. Es útil, pero no agradable. Sufrir frío o calor cuando salimos de ciertos rangos de temperatura es algo que funciona para conseguir mantener el cuerpo vivo, pero sería perfectamente posible que la mente se encargase de dar las órdenes necesarias, como un autómata, sin que realmente nadie tuviera que sentir nada de todo esto.

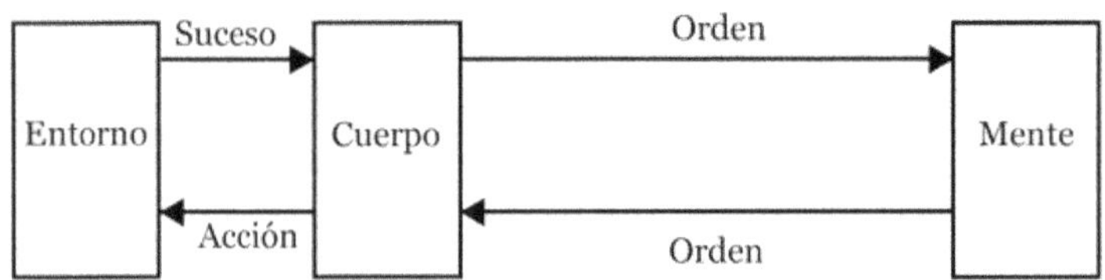

Figura 6.3. Cuerpo y mente sin una subjetividad sensible

Ya que la definición de lo que provoca el dolor está sujeto a cambio y evolución, las configuraciones más beneficiosas, naturales o artificiales, se encontrarán, se transmitirán y se extenderán.

La empatía con el resto de seres vivos es un importante ejemplo de posible configuración beneficiosa si es asociada a un mecanismo de asignación de placer y dolor. Si nuestro cuerpo nos obligase a sentir algo parecido a lo que sienten nuestros semejantes, el cerebro de cada uno buscaría la forma de conseguir el bien común. Se produciría una correspondencia entre beneficio propio y común. El conjunto de individuos con esta propiedad formaría una entidad de nivel superior unida y poderosa, de la misma forma que las células de nuestro cuerpo forman un organismo.

A priori, no parece en absoluto sencillo que esto ocurra. Buscar el beneficio indiscriminado de los demás tiene pinta de no ser una *Estrategia Evolutivamente Estable*. Sería necesario algún mecanismo de reconocimiento de los otros individuos con esta característica, o mientras esto no existiera, una memoria de sucesos pasados y un criterio que niegue el beneficio a aquellos que han demostrado no tener dicha característica. Pero para la naturaleza y la evolución parece no haber nada imposible. Si algo favorece la vida, la autoperpetuación, la naturaleza acaba encontrando como llegar ahí.

Así que de todas formas, tal vez esto pudiera estar ocurriendo ya. Su manifestación no es evidente, por lo que imagino que pudiera producirse de la siguiente forma: Por una parte nuestro subconsciente trata de responder empáticamente con nuestros semejantes, teniendo esto un origen genético. Por otra, nuestro consciente trata de compensar el exceso de altruismo con comportamientos egoístas, teniendo esto también un origen genético.

La conciencia como conocimiento de lo que está bien y está mal es bastante uniforme. Contra esta afirmación existen comparaciones interculturales nada despreciables, pero que pueden ser interpretadas como distintas aplicaciones de unos mismos principios básicos. Por ejemplo, unas veces se ha excluido a las mujeres del conjunto de los seres con derecho, otras se excluye a los chimpancés. ¿Por qué voy a admitir a las mujeres y no a los chimpancés, cuando me parezco más a los segundos que a las primeras? Una vez definida la barrera, ya se sabe lo que está bien y está mal. Aunque nos sentimos realmente libres de actuar de una u otra forma, también nos sentimos realmente atados a saber lo que está bien y lo que está mal, y a sentir desde una inevitable inquietud hasta un terrible "cargo de conciencia" cuando sabemos que obramos mal.

Puede ser hasta aterrador descubrir o comprender que la barrera que define dónde empiezan los seres con derecho la aplica el consciente, mientras que el subconsciente pretende aplicar la etiqueta a todo lo que pase por delante.

Esta interpretación no encaja con la visión del subconsciente -altruista- como primitivo, situado en las partes profundas del cerebro y el consciente como evolucionado -egoísta-, en la corteza cerebral. Simplemente, los niños pudieran ser más egoístas por tener el subconsciente -el altruismo- aún poco desarrollado, lo mismo que el egoísmo consciente. Lo admirable de los niños no es su altruismo o egoísmo, sino su falta de ellos, su naturalidad.

¿Cómo será potenciada esta característica en el futuro? ¿Cómo podemos nosotros potenciarla? Tal vez con la capacidad de reconocer la empatía en el prójimo. Tal vez liberando al subconsciente del filtro consciente. Tal vez llevando al consciente los impulsos inconscientes; tal vez en ese caso, el terrible miedo al dolor por obrar mal, la satisfacción por obrar bien, tome el control.

La subjetividad y la muerte

> *"Tus atributos físicos, al igual que tu cuerpo, sólo te los han prestado. No te enamores de ellos porque son impermanentes y tan sólo duran un momento. En cambio, tu espíritu es eterno: tu cuerpo vive en esta Tierra como si fuera una lámpara, pero su luz procede de la eterna Fuente en lo alto."* Jalal al-Din Rumi. (Masnavi IV, 1840-1842)

Si una persona perdiera la funcionalidad de alguna de sus células, incluso de una célula neuronal (algo que de hecho ocurre constantemente), se podría considerar que es la misma persona, que no ha cambiado; no existirían diferencias apreciables. Si perdiera unos cuantos millones de células el asunto empezaría a ser distinto, y si perdiera todas sus células desaparecería como tal persona.

Si alguien analizara mis células y las copiara de alguna forma, podría construir con estas copias una persona idéntica a mí, pero no sería yo. Yo estoy aquí, él está ahí. Esto indica que yo no soy mis células. Tal vez y probablemente, mi *yo* se genere a partir de mis células, pero yo no soy mis células.

No somos nuestras células

Una cosa es realizar una copia de un ser humano. Otra cosa muy diferente es realizar una copia de *mí*. Si alguien replicara a un ser humano que no soy yo, es decir, construyera algo parecido a un gemelo, yo no podría distinguirlo del original, -así como algunas veces he confundido a unos amigos gemelos-. Pero si alguien realizara una copia de mí, por supuesto que sería capaz de distinguir el original de la copia: ¡el original soy *yo*! (y una buena copia debería afirmar lo mismo, como ilustran multitud de relatos de Ciencia-ficción).

¿Cuando las células mueren, muere la subjetividad que éstas han creado? Presuponiendo que la materia crea la subjetividad, parece lógico o al menos probable que sea así. ¿Cuando las células cambian, cambia la subjetividad que éstas crean? Esto también parece lógico. Si identificamos subjetividad con "personalidad", evidentemente, ambas afirmaciones son ciertas. Ya que nuestras células nacen y mueren, y se regeneran constantemente, nuestra subjetividad (y nuestra "personalidad") también cambiaría constantemente.

No somos nuestra personalidad

Lo anterior parece lógico, pero se ha cometido conscientemente una confusión en el empleo de los términos. La subjetividad no es la personalidad. Una "personalidad" podría almacenarse y reproducirse de alguna forma mediante soportes informáticos. Probablemente ya se puede o se podrá algún día reproducir hasta el grado de detalle deseado una personalidad cualquiera, como la mía, en un computador. Pero no sería yo (aunque, como en el caso anterior, el computador afirmaría *ser*). No sería el auténtico yo subjetivo (*el mío*). En conclusión, ni la muerte del cuerpo ni la muerte de la personalidad son la muerte del yo. El yo muere o podría morir en el caso de que desapareciera la subjetividad sensible. Y la subjetividad nada tiene que ver con el resto de cosas conocidas. El *yo sensible* varía porque varía aquello que se siente o percibe. Pero la subjetividad auténtica no tiene personalidad, y no se fundamenta en aquello que siente, sino en sentir, en el propio hecho de existir, y por tanto son idénticas la mía, la tuya o la de más allá. La personalidad perece; los sentimientos cambian, pero la subjetividad *es*.

La siguiente figura trata de ilustrar la exposición anterior. Sin tratar de hacer un análisis exhaustivo, podemos identificar un cuerpo, *yo material* o *yo físico*, compuesto por nuestros átomos, células etc. Este yo físico cambia constantemente (en el tiempo). Un yo físico determinado se definiría como una configuración espacio-temporal de la materia de entre las muchas posibles. En una analogía informática, serían "los datos", y podría identificarse, aún con más detalle, un *yo material* (nivel léxico) descrito por sus elementos y un *yo funcional* (o nivel sintáctico) descrito por las relaciones o estructura entre los elementos. En una analogía literaria se trataría del texto y de su estructura gramatical.

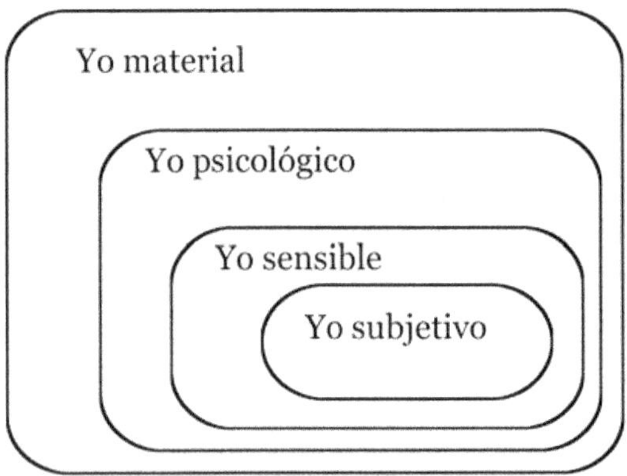

Fig. 6.4. Niveles de yo (o niveles de realidad)

Existe también un *yo psicológico* que es nuestra personalidad o nuestra mente. El yo psicológico al igual que el cuerpo, cambia constantemente y puede o podría ser replicado, sin que la réplica fuera el auténtico yo. Para replicar un yo psicológico no es necesario replicar el yo material, es decir, no hace falta usar células naturales o biológicas (nivel léxico), y ni siquiera hace falta que las células artificiales estén organizadas en la misma estructura que en el cuerpo origen (nivel sintáctico) para poder replicar una personalidad. Un yo psicológico se define como un conjunto de reglas que configuran un sistema de comportamiento, de los muchos posibles. En una analogía informática, sería un algoritmo o proceso de cálculo, de los muchos posibles que se pueden representar con esos tipos de datos (nivel semántico). Los métodos *Bottom-Up* de Inteligencia Artificial (como las redes neuronales) tratan de crear un yo psicológico artificial intentando replicar lo más fielmente posible el yo físico natural. Los métodos *Top-Down* de Inteligencia Artificial (como los sistemas expertos) también tratan de crear un yo psicológico artificial pero no tienen en cuenta el yo físico natural y tratan de imitar directamente el yo psicológico natural. En la analogía literaria se trataría del significado literal del texto.

Existe un *yo sensible* que se define como el conjunto de sensaciones sentidas del conjunto de las posibles. Una analogía informática de yo sensible, sería el algoritmo en ejecución (nivel ejecutivo). La replicación del yo físico produciría a su vez una copia del yo psicológico, quien presumiblemente tendría las mismas sensaciones que el yo sensible (se ignora para este análisis el hecho de la necesidad de replicar el entorno, es decir, el hecho de que dos objetos, o bien no ocupan la misma posición en el espacio, o bien no la ocupan en el tiempo). Tanto los dos programas en ejecución, como dos seres humanos vivos, siendo uno copia de otro, tendrían similares cuerpos (datos, instrucciones), personalidades (algoritmos subyacentes a esos datos e instrucciones) y sentimientos ("ejecuciones" o "corridas" y sus resultados). En la analogía literaria se trataría del significado profundo del texto, del tema, el mensaje, el fondo.

El *yo subjetivo* sería el *quién* receptor de toda la gama de sensibilidades que forman el *yo sensible* producidas por el *yo psicológico* gracias al *yo físico*. El hecho de sentir algo determinado se encontraría a nivel de yo sensible. El *quien* siente ese algo sería el yo subjetivo. En las analogías, el yo subjetivo sería, o bien el algoritmo, o bien el texto, como conceptos. Si el algoritmo tiene un nombre (de programa) y el texto tiene un título, el yo subjetivo del algoritmo y de la novela serían aquello a lo que su nombre o título hacen referencia.

Para ajustar mejor la analogía, no pensemos en un algoritmo o un libro estático, que no cambian en el tiempo, sino en algo en lo que alguien está trabajando, y que se modifica día a día. Supongamos que el autor (del algoritmo o del libro), ejecuta (corre) o lee su algoritmo o libro diariamente, y modifica su estructura, su significado literal y hasta su misión o tema principal. El programador o escritor puede tanto añadir como eliminar partes de su algoritmo o libro sin que el algoritmo o libro como conceptos desaparezcan. Pero no sólo eso.

Incluso pudiera ser que por problemas técnicos, se borrara completamente toda la información, se borrara el disco donde está almacenado el algoritmo o se borrara el soporte del libro. Aunque se perdiera temporalmente su disponibilidad, el algoritmo o libro como idea, como concepto, seguiría existiendo, y no sería tan costoso volverlo a recomponer como a simple vista pudiera parecer, ya que seguiría existiendo como concepto en la mente de su creador.

El siguiente gráfico representa la jerarquía anterior con algo más de detalle. El cuerpo material contiene el cerebro material, y forman el yo físico. La personalidad (interior) y el comportamiento (exterior) forman el yo psicológico. Los sentimientos son manifestados mediante nuestra emotividad.

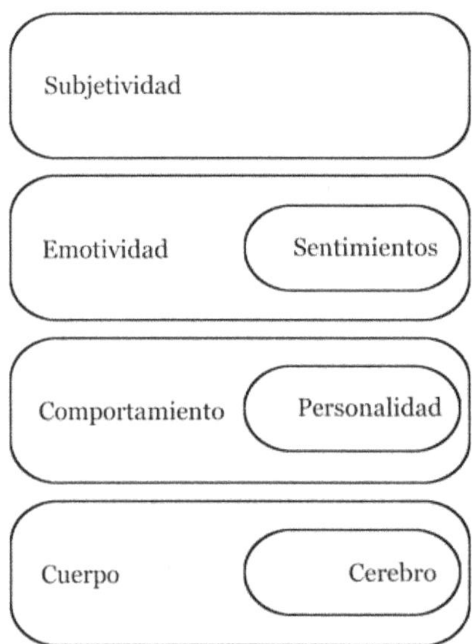

Figura 6.5. Jerarquía de realidad

Cerebro, Personalidad y Sentimientos son aspectos internos de nosotros mismos, mientras que Cuerpo, Comportamiento y Emotividad son externos y nos permiten comunicarnos con otras personas.

Tratando de identificar el yo subjetivo

Me resulta muy fácil poner ejemplos de "yo objetivo", y muy difícil poner ejemplos de "yo subjetivo". Las personas que me rodean son hechos objetivos (a no ser que *yo* tuviera un nivel profundo de consciencia que me permitiera fusionarme con ellos en cierta medida). La percepción que las personas que me rodean tienen de mí, esto es, la percepción de mi "yo" que ellos me transmiten y yo también percibo, es también un hecho objetivo. De forma similar, cuando veo mi imagen reflejada por un espejo (antes era reflejada por una persona), observo algo ajeno a mí, observo un hecho objetivo; observo lo que una persona o un espejo dicen de mí, pero no me observo a mí mismo.

Cuando reflexiono sobre mí mismo como si de un objeto ajeno se tratara, también estoy tratando con un hecho objetivo. Por ejemplo, imaginemos que escribo un diario de mi vida, y luego lo leo como si analizara la vida de otro. Algo muy parecido hacemos frecuentemente cuando pensamos acerca de nosotros mismos, en lo que hacemos y en nuestra vida, aunque sin papel y sin bolígrafo, sólo con la memoria de nuestro cerebro.

Personalmente me encuentro muy lejos de una experiencia subjetiva auténtica y como decía en los primeros párrafos del capítulo, este texto es fruto de mis reflexiones intelectuales y sólo lo podrá ser de mi experiencia subjetiva con lo Real en tanto a su omnipresencia, pero sin duda de una forma inconsciente, infantil e ignorante por mi parte. Por otra parte, aquellos que dicen haber experimentado esta subjetividad auténtica coinciden en que se trata de algo inefable, imposible de describir o transmitir de forma alguna; algo que sólo puede entender quien lo experimenta, y sin embargo, dada su importancia, tratan de describirlo y transmitirlo a los demás, admitiendo la paradoja que esto supone.

Teniendo en cuenta estas tremendas limitaciones, o más bien, ignorándolas por completo, que para el caso viene a ser lo mismo, a continuación cito varios ejemplos de situaciones que, en mi opinión, o bien permiten experimentar al menos en cierto grado la consciencia de la propia subjetividad, o bien ofrecen a quienes las experimentan algo análogo a la consciencia de la experiencia subjetiva que puede ayudar a imaginar de qué se trata. Quiero destacar que no hay nada tan paradójico como un recetario para experimentar la subjetividad, cuando precisamente por su propia definición la subjetividad es aquello que todos experimentamos contínuamente. Se trata, no de experimentar la subjetividad (eso ya lo hacemos sin ningún esfuerzo), sino de darnos cuenta de ello.

- Cuando tras varias horas de trabajo intelectual intenso con el ordenador, de pronto, la pantalla se apaga -con o sin perdida de datos- y uno se descubre mirando fijamente y lleno de interés un rectángulo negro e indiferente.
- Cuando uno observa en la televisión como se hunde un edificio con miles de seres humanos atrapados en él, consciente de que podría encontrarse en una de aquellas ventanas, y de que todo su proyecto vital, e incluso todos sus planes para las próximas cuatro horas están supeditados a una ahora dudosa convicción en la seguridad y en la permanencia física.
- Cuando se evita por cuestión de décimas de segundo un terrible accidente de circulación.
- Cuando se encienden las luces de la sala de cine, al finalizar una película.
- En el recuerdo del fallecimiento de un ser querido.
- Cuando tras meses o años de gran esfuerzo en una tarea determinada, el resultado es evaluado y el tribunal o la entidad responsable de su juicio determina con ridícula solemnidad que el objeto de análisis es considerado satisfactorio y digno de su eminente aprobación.
- En cualquier acto aparentemente insignificante. Por ejemplo, algo que hacemos todos a diario: cuando abro una puerta, prestando toda la atención al hacerlo. Sintiendo cómo soy yo quien abre la puerta, no la puerta quien es abierta pasivamente por mí, ni es el contexto lo que nos obliga a estar aquí los dos juntos. Sin prisa, la puerta me espera, y yo no me abalanzo, no optimizo los segundos ni los movimientos musculares necesarios para la operación. Tampoco hago movimientos inútiles. Simplemente lo hago. Ni siquiera me importa si la puerta se abrirá o no ante mis movimientos. Ignorando todo lo demás, olvidando pasado y futuro, abro la puerta con naturalidad, sin prisa, casi acariciando el picaporte, transmitiéndole mi humanidad.

A menudo me surge la duda: "¿Con qué derecho me atrevo a discutir analogías de la experiencia subjetiva sin tener ni la más remota idea de aquello de lo que estoy hablando?", como su complementaria "¿Bajo que criterio dejar de hacerlo?" y su síntesis "¿Cómo reconocer a una autoridad en la materia?". La situación es desesperante y cómica, al menos como para echarse a reír de uno mismo, y para no tener que cargar con el sentimiento en solitario, hacerlo también de toda la historia de la filosofía como fieles acompañantes en discordia.

Existen ejemplos que pueden utilizarse como precedentes a favor de la expresión libre de metáforas. Por lo que conozco, en todas las culturas se considera el hecho de dormir como una metáfora de la muerte, y no conozco a nadie a quien se le haya reprochado el uso de la metáfora del sueño para tratar de entender lo que es la muerte. Sin embargo, ¿hay alguna forma de saber si esta metáfora es acertada? ¿Podemos usar esta metáfora como precedente que justifique el uso de otras análogas? Depende: ¿Bajo que criterio la primera es válida? ¿Bajo que criterio son análogas? Respondamos al menos a lo primero: bajo el criterio de que "a nadie le ha reprochado su uso". Sin embargo, ¿Bajo que criterio, el criterio de que *a nadie se le haya reprochado el uso de"* es un criterio válido? En este momento no se me ocurre ningún ejemplo de metáfora popular no afortunada, tal vez debido a que las no afortunadas no se hacen populares. ¿El criterio democrático de la opinión de la mayoría, tan común en la ciencia, es aplicable en este caso?

Siempre nos faltará un último sistema de referencia. Una vez más, aquí estamos tratando de *hablar de lo que no se puede hablar* y este dilema es un ejemplo de que todos los sistemas de referencia son arbitrarios. No se pueden justificar plenamente, ya que para demostrar algo, necesitamos de un sistema de referencia. Todos los sistemas de creencias, sistemas políticos o métodos científicos, son indemostrables. Debido a esto, a mí, personalmente, siempre me ha parecido un despropósito limitar la expresión del conocimiento a la figura de la "autoridad en la materia", pero lamentablemente ésta y las anteriores reflexiones, también se desprenden de sistemas de referencia indemostrables.

Afortunadamente, existen situaciones en las que no son necesarios sistemas de referencia, y digamos, es posible encontrar una certeza ajena a sistemas de creencias, sistemas políticos y métodos científicos. Se trata de, en un día de verano, y soleado, pasear por un camino no demasiado sucio, tal vez por la orilla del mar, tal vez por el borde de una carretera poco transitada, a ser posible y si es pronto, con un buen helado; y si es ya tarde, con una cerveza, o en cualquier caso, sin nada de esto, pero acompañado, eso sí, con el aroma de las plantas que asoman su verdor por las inhóspitas rendijas que quedan entre las piedras o el asfalto.

Lo subjetivo y lo presente

Lo subjetivo es presente. Lo objetivo es pasado y futuro. Una forma muy basta de experimentar consciencia de la subjetividad, y que es análoga a "matar moscas a cañonazos" (las moscas me perdonen por la desafortunada expresión), podría ser, para quien pueda hacerlo, olvidar pasado y futuro, viviendo en un "ahora" cuya duración sea la menor posible: por ejemplo, mejor un segundo que dos; mejor un día que un año. Si sólo recordáramos lo que hemos hecho en los últimos diez minutos y sólo fuéramos capaces de prever los siguientes diez, viviríamos una realidad más subjetiva que si lo hiciéramos en una "ventana temporal" de diez años.

Sin embargo, esta forma de subjetividad es poco práctica: no facilita la supervivencia, no aprovecha la memoria como aprendizaje de lo pasado, ni la inteligencia para prever el futuro. Para colmo, esta forma bruta de subjetividad se puede conseguir sufriendo el efecto de ciertas enfermedades y drogas, y su atractivo es por lo general, engañoso, peligroso y nada recomendable.

La forma adecuada de experimentar la consciencia de la subjetividad viviendo el presente, tal vez consista, no en olvidar el pasado e ignorar el futuro, sino en desconectarlos de la consciencia de la realidad; en tachar en ellos la etiqueta de "real". Se trataría de ser conscientes de presente, pasado y futuro, pero asignando realidad únicamente al presente. Algo parecido parece que ocurre al soñar, ya que en los sueños la experiencia subjetiva soñada presente es real, pero el resto se difumina en una niebla de incoherencia: no se pierde el recuerdo y la experiencia de lo soñado pasado, ni la capacidad de prever mediante la lógica el futuro, pero se mantiene la atención consciente en el presente.

¿Cómo desarrollar el yo subjetivo?

El texto que sigue a continuación, así como algunos de los argumentos que han aparecido en éste y en el anterior capítulo están basados o inspirados, al menos en parte, en interpretaciones de algunos textos y relatos sobre sufismo[98]. Quiero reconocer la rica aportación que he obtenido de estas referencias, aclarando que este texto no pretende reflejar directamente los fundamentos de la tradición sufí. El lector interesado en la tradición mística sufí encontrará una referencia directa en los libros sobre sufismo escritos por el Dr. Javad Nurbakhsh (Ed. Nur), entre los cuales quiero destacar: "En la taberna" y "Psicología Sufí"; así como en "Dador de luz" de Jeffrey Rothschild.

El siguiente gráfico intenta mostrar las distintas fases por las que se puede pasar en el caso de desarrollar un ser completo (subjetivo y objetivo, o interior y exterior). En él se refleja tanto la importancia de identificar y desarrollar lo que *es* uno mismo (en esencia), como de identificar y desarrollar lo que *no es* uno mismo (que por no ser esencial, no deja de ser necesario).

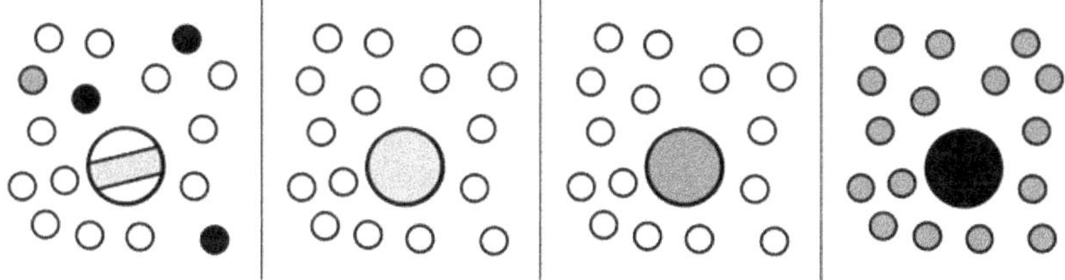

Figura 6.6. Posibles fases del desarrollo del yo.

En el estado incial o habitual, la atención se encuentra dispersa, fuera del yo subjetivo. La persona cree erróneamente que el concepto que tiene de sí mismo es algo interno y real, cuando en cambio se trata fundamentalmente de algo externo. La persona se olvida del auténtico yo. El yo objetivo no es controlable por el yo subjetivo y esto hace que la persona se comporte como varias diferentes en distintos momentos. Unas veces reacciona de una forma, otras de otra

___
[98] www.nematollahi.org

tintos momentos. Unas veces reacciona de una forma, otras de otra y en el fondo no sabe por qué. Aunque esté socializada; es decir, aunque controle mediante la razón la manifestación de sus sentimientos, o lo que es lo mismo, aunque controle sus actos, no tiene ningún autocontrol sobre su estado de ánimo, sobre sus pensamientos o sobre sus sentimientos.

Desconectando los estímulos externos, por ejemplo mediante la meditación, puede llegarse a vaciar el yo objetivo dejando únicamente el yo subjetivo o auténtico. Este estado es difícil de conseguir y de mantener. Por sí mismo no aporta nada especial, pero permite sentir la conexión subyacente de todas las subjetividades en Una. El "yo" desaparece, o lo que es lo mismo, se extiende por todo el Universo.

La liberación de las ataduras del yo objetivo permite que el yo subjetivo pueda desarrollarse y fortalecerse. La semilla de Dios plantada en uno crece y se desarrolla.

El desarrollo interno produce una acción externa, de forma que se toman de nuevo actitudes, roles, o figuras de "yo objetivo" en el mundo exterior a uno mismo, pero esta vez, sustentadas y controladas por el yo subjetivo. El estado interior de la persona es estable, es firme. La felicidad no se ve alterada por los sucesos externos. Sin embargo, no se vive ajeno al resto, sino integrado con todo en actitud de amor.

R.I.P.

Selección de frases lapidarias por orden de aparición[99]

- Hacerse el tonto ante los asuntos importantes de la vida es una habilidad que cualquier hombre civilizado desarrolla con gran rapidez. (Pág. 13)
- La vida es corta porque uno se da cuenta tarde (Pág. 56)
- La espontaneidad no se improvisa (Pág. 56 y 197)
- ¿Qué diferencia existe entre sumar uno más uno y simular que se suma uno más uno? (Pág. 64 y 116)
- Siento, luego existo (Pág. 66)
- La razón nunca podrá ser un bien económico, ya que jamás escasea. Todo el mundo tiene razón (Pág. 111)
- El médico que sólo medicina sabe, ni medicina sabe (Pág. 197)
- El racionalista que sólo es racionalista, no es ni siquiera racionalista (Pág. 197)
- Debemos hacer la ciencia lo más sencilla posible. Pero no más sencilla. (Pág. 184)
- Sobre lo que no se puede hablar, es mejor no hablar. (Pág. 185)
- Cualquier cosa manifestada mediante un lenguaje cualquiera, y mucho más si se utilizan tablas, es digna de desconfianza. Así como su autor[100]. (Pág. 188)

---

[99] Consúltese la página para acceder al autor.

[100] Esta sentencia es en cierto modo consecuencia del hecho de que *el Tao que puede ser expresado con palabras no es el verdadero Tao.*

Arena Sensible
Manuel de la Herrán Gascón
Colección
Inteligencia Creativa
RED científica